普通高等教育公共基础课系列教材·计算机类

计算思维与 Python 语言程序设计
（提高篇）

主　编　李晓艳　向丽萍　胡　涛

副主编　高　林　刘　波　赵玄玉

科学出版社

北　京

内 容 简 介

本书主要介绍基于 Python 语言的数据分析实践工具,分成 Python 网络爬虫与信息提取、Python 数据分析与展示、Python 科学计算三维可视化和 Python 机器学习应用四大知识模块,以及综合案例。在每一个知识模块,先对核心的理论知识进行介绍,再重点介绍该模块的典型实践工具的使用方法,最后以大量的经典案例或实际问题求解案例为纽带,在各知识点间建立一种联系,强化各知识点间的融合。作者力图通过简练的语言、精美的图表,展现基于 Python 的相关技术和工具的核心技能点,帮助读者快速检索知识,提升学习和工作效率。

本书的内容范围广,适合作为高等学校计算机公共基础课的教材,可作为以 Python 为基础的程序设计类课程的配套教材,也可作为数据科学与大数据技术专业教师和学生的学习资料,还可作为数据分析师、数据工程师和算法工程师等数据科学从业者项目实践的参考书。

图书在版编目(CIP)数据

计算思维与 Python 语言程序设计. 提高篇/李晓艳,向丽萍,胡涛主编. —北京:科学出版社,2022.2
　(普通高等教育公共基础课系列教材·计算机类)
　ISBN 978-7-03-070535-8

　Ⅰ. ①计… Ⅱ. ①李… ②向… ③胡… Ⅲ. ①软件工具-程序设计-高等学校-教材 Ⅳ. ①TP311.561

中国版本图书馆 CIP 数据核字(2021)第 224382 号

责任编辑:戴　薇　袁星星 / 责任校对:赵丽杰
责任印制:吕春珉 / 封面设计:东方人华平面设计部

科学出版社 出版
北京东黄城根北街 16 号
邮政编码:100717
http://www.sciencep.com
天津翔远印刷有限公司 印刷
科学出版社发行　　各地新华书店经销
*
2022 年 2 月第 一 版　　开本:787×1092　3/4
2022 年 2 月第一次印刷　　印张:10 3/4
字数:254 000
定价:36.00 元
(如有印装质量问题,我社负责调换〈翔远〉)
销售部电话 010-62136230　编辑部电话 010-62135397-2047

前　言

计算思维是互联网与信息时代每个人都应具备的一种思维方式。《计算思维与Python 语言程序设计》分为基础篇和提高篇，本书是提高篇，旨在让读者理解计算机解决问题的方法和思路，培养读者的计算思维，促进计算思维与各专业思维交叉融合形成复合型思维，为各专业读者今后设计、构造和应用各种计算系统求解学科问题奠定思维基础。

本书共分为 6 章，其中第 2～5 章都是独立知识点，第 6 章是综合应用案例，读者可以根据自己的情况安排学习路线，有重点地进行学习。各章内容安排如下。

第 1 章简要叙述本书的四大知识模块及代码运行环境。

第 2 章介绍基于 Python 网络爬虫和信息提取的基本工作原理、采用的主要技术，通过实际案例来体会网络爬虫的工作过程。

第 3 章介绍基于 Python 的数据分析与展示方法，主要涉及 NumPy、Pandas 和 Matplotlib 3 个典型工具库的使用。

第 4 章介绍基于 Python 的科学计算三维可视化，如将数值计算、工程测量等转换为图形、图像并直观地表达出来。

第 5 章介绍机器学习的基本原理和经典的机器学习算法，并通过实际案例理解其应用。

第 6 章介绍综合案例应用，通过 3 个大型实际案例让学习者理解计算机解决问题的方法和思路。

参与本书编写的有湖北民族大学计算机系从事计算机基础教学多年、有着丰富经验的教师，也有从事大数据处理技术和应用研究领域的技术人员和研究生。其中，第 1 章由向丽萍编写，第 2 章由向丽萍和李晓艳编写，第 3 章由李晓艳编写，第 4 章由胡涛和赵玄玉编写，第 5 章由高林和李晓艳编写，第 6 章由刘波、李晓艳和赵玄玉编写，胡涛负责全书的统筹和组织以及所有章节的修改，湖北民族大学硕士研究生毛春霞、赵玄玉和朱云云等对本书初稿进行了细致的校对。

由于时间仓促，以及编者的水平有限，尽管经过了多次修正，书中难免存在疏漏和不足，恳请读者不吝批评指正，以利于再版修订。

编　者

2021 年 9 月于湖北民族大学桂花园

目　　录

第 1 章　绪　　论

Python 语言的设计者吉多·范罗苏姆（Guido van Rossum）是荷兰人。他于 1982 年获得阿姆斯特丹大学数学和计算机科学硕士学位。1989 年，他创立了 Python 语言。Python 的名称来自吉多挚爱的电视剧 *Monty Python's Flying Circus*，他希望这个新的称为 Python 的语言，能成为一种介于 C 和 Shell 之间的功能全面、易学易用、可拓展的语言。

Python 语言是在许多其他程序设计语言的基础之上发展而来的，是一种结合了解释性、编译性、互动性和面向对象的程序设计语言。

1.1　Python 编程语言

1.1.1　Python 语言的特点

Python 语言被广泛使用，是因为 Python 语言具有以下特点。

1. 简单易学

Python 是一种代表简单思想的语言。Python 的关键字少、结构简单、语法清晰，有各种大量的支持库，使学习者可以在相对较短的时间内轻松上手。

2. 易于阅读

Python 代码定义得非常清晰，它没有使用通常其他语言用来访问变量、定义代码块和进行模式匹配的命令式符号，而是采用强制缩进的编码方式，去除了 "{ }" 等语法符号，从而看起来十分规范和简洁，具有极佳的可读性。

3. 开源免费

Python 是自由/开源软件（free/libre and open source software，FLOSS）之一。使用 Python 是免费的，开发者可以自由发布这个软件的副本，阅读源代码，甚至对它进行改动。免费并不代表无支持，恰恰相反，Python 的在线社区对用户需求的响应和商业软件一样快。Python 的开发是由社区驱动的，是 Internet 大范围的协同合作努力的结果。

4. 高级语言

与 C、C++、Java 这样的程序设计语言相比，Python 编程时，无须考虑诸如管理程序内存等底层的细节，只需要集中精力关注程序的主要逻辑即可。

5. 可移植性

由于 Python 的开源本质，它可以被移植到许多平台上，在各种不同的系统上都可以看到 Python 的身影。因为 Python 是用 C 语言写的，C 语言的可移植性使 Python 可以运行在任何带有 ANSIC 编译器的平台。

6. 面向对象

Python 既支持面向过程编程，也支持面向对象编程。与其他的面向对象编程语言相比，Python 以非常强大又简单的方式实现了面向对象编程。

7. 粘接性

Python 程序能够以多种方式轻易地与其他语言编写的组件"粘接"在一起。例如，Python 的 C 语言 API 可以帮助 Python 程序灵活地调用 C 程序。这意味着可以根据需要给 Python 程序添加功能，或者在其他环境系统中使用 Python。例如，将 Python 与 C/C++ 写成的库文件混合起来，使 Python 成为一个前端语言和定制工具，这使得 Python 成为一个很好的快速原型工具。出于开发速度的考虑，系统可以先使用 Python 实现，之后转移至 C，根据不同时期性能的需要逐步实现系统功能。

1.1.2 Python 语言的版本

1991 年，第一个公开发行的 Python 编译器（同时也是解释器）诞生。

2000 年 10 月，Python 2.0 版本发布，开启了 Python 语言广泛应用的新时代。

2008 年 12 月，Python 3.0 版本发布，为了不带入过多的累赘，此版本不完全兼容之前的 Python 源代码。

2018 年 6 月，Python 3.7 版本发布。

2020 年 10 月，Python 3.9 版本发布。

本书将以 Python 3.×为基础进行讲解。

1.1.3 Python 的应用领域

计算机从诞生发展到现在，全世界有超过 2500 种有文档资料的计算机语言，但真正活跃的语言不到 100 种，而较活跃的 20 种语言大约占据 80%的市场。其中应用较广泛的 Java、C、C++、Python 和 C#这 5 种语言占据半壁江山。Python 语言因其简单、易用、通用、严谨等特点，成为人工智能（artificial intelligence，AI）和大数据时代的第一开发语言，不仅如此，在其他领域都有广泛应用。

1. 常规软件开发

Python 支持函数式编程和面向对象编程，能够承担任何种类软件的开发工作，因此常规的软件开发、脚本编写、网络编程等都属于其标配能力。

2. 科学计算与数据可视化

随着 NumPy、SciPy、Matplotlib、Pandas 和 sklearn 等程序库的开发，Python 越来

越适合于进行科学计算、绘制高质量的 2D 和 3D 图像。Python 作为一门通用的程序设计语言，与科学计算领域最流行的商业软件 MATLAB 相比，采用的脚本语言的应用范围更广泛，也有更多的程序库支持。

3. 系统管理和自动化运维

Python 提供了许多有用的 API，能方便地进行系统的维护和管理。作为 Linux 操作系统中的标志性程序设计语言之一，Python 是很多系统管理员理想的编程工具。同时，Python 也是运维工程师的首选语言，在自动化运维方面已经深入人心。

4. Web 开发

基于 Python 的 Web 开发框架应用范围非常广，开发速度非常快，能够帮助开发者快速搭建可用的 Web 服务。在 Web 开发领域，Python 具有独特优势，对于同一个开发需求能够提供多种方案。

5. 云计算

著名的开源云计算解决方案 OpenStack 就是基于 Python 开发的。

6. 数据分析

在大量数据的基础上，结合科学计算、机器学习等技术，对数据进行清洗、去重、标准化和有针对性的分析是大数据行业的基石。Python 也是目前用于数据分析的主流编程语言之一。

7. 游戏开发

很多游戏使用 C++编写图形显示等高性能模块，使用 Python 编写实现游戏的逻辑。

8. 网络爬虫

网络爬虫是一种按照一定的规则，自动获取网页内容并可以按照指定规则提取相应内容的程序。Python 结合 Scrapy、Requests、BeautifulSoup、urllib 等第三方库，可以快速完成数据采集、处理和存储，成为网络爬虫领域最受欢迎的语言。

9. 人工智能

Python 在人工智能领域内的机器学习、神经网络、深度学习等方面都是主流的编程语言，得到了广泛的支持和应用。

在接下来的 1.2～1.5 节中，本书将主要介绍 Python 在网络爬虫、数据分析与可视化、科学计算可视化、机器学习这 4 个方面的应用。

1.2 Python 网络爬虫

随着网络的迅速发展，互联网成为大量信息的载体，如何有效地提取并利用这些信息成为一个巨大的挑战。特别是在大数据时代，若单纯地靠人工采集信息，不仅效率低，而且成本也比较高。网络爬虫又称为网络机器人，可以代替人们自动化浏览网络中的信息，进行数据的采集与整理。它是一种程序，基本原理是通过程序模拟浏览器向网站/网络发起请求行为，把站点返回的 HTML 代码、JSON 数据、二进制数据（图片、视频）抓取到本地，进而提取自己需要的数据，并存放起来使用。网络爬虫按照实现的技术和结构可以分为通用网络爬虫、聚焦网络爬虫、增量式网络爬虫和深层网络爬虫等几种类型。在实际的使用过程中，经常是多种类型组合使用。

1.2.1 网络爬虫的工作原理

网络爬虫的基本工作流程：选取种子 URL（uniform resource locator，统一资源定位符）放入待抓取的 URL 队列；从待抓取的 URL 队列中取出 URL，解析 DNS 得到主机的 IP，并将 URL 对应的网页下载下来，存储到已下载的网页库中，同时获取网页中的 URL，放入已抓取 URL 队列；分析已抓取 URL 队列中的 URL，分析其中的其他 URL，并将 URL 放入待抓取的 URL 队列，从而进入下一个循环，如图 1.1 所示。

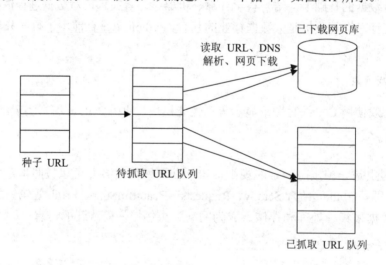

图 1.1　网络爬虫的基本工作流程

1.2.2 网络爬虫的常用技术

1. 网络请求

爬虫通过 URL 定位地址与下载网页，这两项是网络爬虫的关键功能。在 Python 中实现网络请求常用 3 种方式：urllib、urllib3 和 Requests。

2. BeautifulSoup

BeautifulSoup 是 Python 的一个第三方库，主要用来解析网页文档，为用户提取所需的数据。它通过一些函数完成导航、搜索、修改分析树等功能。BeautifulSoup 可使用不同解析库为用户提供不同的解析策略和速度。BeautifulSoup 存在多个版本，推荐使用BeautifulSoup4。

3. Python 正则表达式

网络爬虫的一个基本功能是根据 URL 进行页面采集，因此从页面中提取 URL 是爬虫的共性技术问题。由于超链接的表示通常具有固定的模式，因此在具体实现页面链接提取时采用正则表达式匹配是比较简易的方法。Python 使用 re 模块完成正则表达式匹配功能。

1.2.3　网络爬虫的应用

随着网络的迅速发展，网络爬虫可以有效地提取并利用网络信息，如搜索引擎抓取网页信息、爬取需要的数据进行统计、出行类软件通过爬虫抢票、聚合平台整合信息进行比较等。图 1.2 所示是利用网络爬虫爬取的校园新闻。

图 1.2　网络爬虫爬取

1.3　Python 数据分析与可视化

数据分析是指用适当的方法对收集来的大量数据进行分析，提取有用信息的过程。数据分析技术被广泛应用于客户分析、营销分析、社交媒体分析、网络安全、设备管理、交通物流分析等多个领域。

当今社会，随着互联网与物联网技术的快速发展，产生的数据量也呈现指数级增长。云计算、大数据、物联网和人工智能等领域都需要对大量的数据进行分析和处理。数据分析技能被认为是各行各业从业人员必须具备的基本技能之一。

　　一图胜千言，庞杂的数据往往会让人感到压迫和厌倦，一张可视化信息图表能清晰地传递庞杂的信息和数据，大大减少了人们理解、分析繁杂数据的时间，提高获取信息的效率。

　　在数据分析和可视化方面，NumPy、Pandas、Seaborn 和 Matplotlib 等提供了非常强大的数据分析和可视化能力，构建了一个非常好的数据分析生态圈，使 Python 成为数据科学领域和人工智能领域的主流语言。

1.3.1　NumPy

　　NumPy 是众多数据科学模块所需要的基础模块，多用于科学计算中存储和处理大型矩阵。虽然其本身并没有提供很多高级的数据科学实践功能，但是却成为数据科学实践中常用的模块。

　　NumPy 提供了两种基本对象：ndarray 和 ufunc。ndarray 是存储单一数据类型的多维数组，而 ufunc 则是能够对数组进行处理的函数。

　　除此以外，NumPy 还提供读/写磁盘上基于数组的数据集功能，提供线性代数运算、傅里叶变换以及随机数生成的功能，提供将 C、C++、Fortran 代码集成到 Python 的工具。同时，NumPy 还可以作为算法之间传递数据的容器，使其他语言编写的库可以直接操作 NumPy 数组的数据。

　　学习 NumPy 可以帮助人们理解面向数组的编程思想，但对于一般的数据分析与可视化语言，并不需要深入学习 NumPy，掌握其中的常用方法即可。

　　在数据科学实践中，通常需要使用不同精度的数据类型来使计算结果更精确。NumPy 中的大部分数据类型都是以数字结尾的，而且所有数组的数据类型必须一致才更容易确定存储空间。

　　NumPy 中提供了逻辑值、整数和浮点数等多种数据类型，并且每种数据类型的名称均对应其转换函数，可以使用"np.数据类型()"的方式将数据直接转换成对应类型的数据对象。

　　通过对 NumPy 模块的了解，可以发现 NumPy 在数据科学实践中应用起来并不方便，其主要原因在于 NumPy 数据结构的设置要求每个元素都必须是同样的数据类型，但这并不符合采集得到数据的逻辑。为了解决这个问题，Python 的 Pandas 模块应运而生。

1.3.2　Pandas

　　数据科学实践的第一步是获取数据。俗话说，"巧妇难为无米之炊"。在数据科学实践领域中，数据就是"米"。获取数据的途径有两种：一种是使用爬虫从互联网上爬取数据；另一种是从现有数据库中下载。那么数据科学的下一步是什么？答案是清洗与处理数据，即把数据处理成想要的样子。Python 提供了一个强大的库——Pandas，可以帮助完成这一步骤。不要小看数据清洗，以为"数据科学"只与那些高级的模型有关。实际上，完整的数据科学实践项目，在数据清洗和预处理上所占的时间往往达到 80%，剩下的 20%才是数据建模。Pandas 应用领域广泛，包括金融、经济、统计、分析等学术和商业领域（Pandas 教程网址：https://www.gairuo.com/p/pandas-tutorial）。

1.3.3 Matplotlib

学习了如何用 Pandas 完成绝大部分的数据处理工作后，将继续学习如何对处理后的数据进行可视化。受限于人类目前的思维能力，人类理解数据的方法主要有两种，一种方法是通过数字特征来理解，另一种方法是通过数据产生的机制来理解（如商业数据的商业逻辑，物理世界产生数据的物理定律等）。把这两者完美地结合起来就是探索性数据分析，这也是数据学科中重要的一步。探索性数据分析其实是试图通过数字特征与数据可视化的方法，结合数据产生机制解读数据与理解数据的过程。数据可视化是探索性数据分析中一个关键的步骤，可以利用 Python 中的两个绘图模块——Matplotlib 和 Plotly 进行探索性数据分析。

Matplotlib 是一个 Python 2D 绘图库，是 Python 绘图的基石，几乎所有与绘图有关的模块都会把它作为核心的底层模块。Matplotlib 绘图风格接近 MATLAB，主要用于比较严谨的场合中。在此基础上还有 Seaborn、Bokeh 等，这些风格更美观的绘图模块可供用户自己学习与使用。Plotly 主要通过交互的方式来展现数据，可以认为是绘图方面的高级模块。

数据可视化的重要性主要体现在以下 3 个方面。

1. 直观展现数据特点，便于建模

正所谓，一图胜过千言万语。在前期探索数据性分析阶段，面对海量数据，很难一眼看出数据的分布特点，极有可能忽视存在的建模特征；而在数据可视化后，发现数据分布特点的可能性大大增加。

2. 直观展现建模结果，便于调优

建模的过程不是一蹴而就的，往往涉及"建模—调优—再建模"。这就需要将结果好坏直观展现到图片上，便于发现模型的不足之处。尤其是在机器学习、深度学习领域，往往涉及大量的调参，每次参数变化程度都很小，只看数字其实很难判别出哪组参数是最佳的，将结果可视化后就能更加直观地感受到。

3. 可视化汇总工作成果，便于汇报

将繁杂、琐碎的数据以图形或图表的形式展示，看起来更直观，也更易于理解。

数据可视化主要使用图表统计与分析，如直方图、散点图、箱型图、饼图和条形图等。这些图形已成为统计学的有效工具，现已广泛应用。

图 1.3 演示了用 Matplotlib 绘制的不同图形（这些截图都源自 Matplotlib 网站：http://www.matplotlib.org.cn/gallery/#lines-bars-and-markers）。

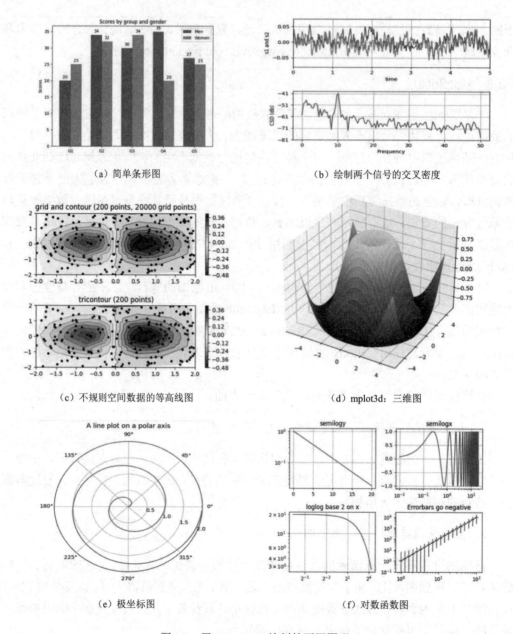

（a）简单条形图　　　　　　　　　（b）绘制两个信号的交叉密度

（c）不规则空间数据的等高线图　　　　　（d）mplot3d：三维图

（e）极坐标图　　　　　　　　　（f）对数函数图

图 1.3　用 Matplotlib 绘制的不同图形

1.4　Python 科学计算可视化

1.4.1　科学可视化基础

可视化（visualization）的本意是视觉的、形象的，事实上，将任何抽象的事物和过程变成图形、图像都可以表示为可视化。科学计算可视化的概念于 1987 年被提出，随后，在各工程和计算机领域都得到了广泛的应用和发展。科学计算可视化的含义是指利用计算机图形学或一般图形学的原理和方法将科学与工程计算产生的大规模数据,如数值计算、工程测量、卫星等转换为图形、图像并直观地表达出来。

科学计算可视化分为信息可视化和科学可视化两类。信息可视化是指对非空间、非数值的数据进行可视化,如信息、知识等数据。科学可视化是对空间数据的可视化,课程中的相关内容主要关注空间数据的可视化。

科学计算的可视化方法主要包括 3 种:二维标量数据场、三维标量数据场、矢量数据场。

1. 二维标量数据场

二维标量数据场有颜色映射法、等值线方法、立体图法和层次分割法。

颜色映射法是指在颜色与数据之间建立映射关系。图 1.4 所示为某宇宙飞船周围空气密度分布图。

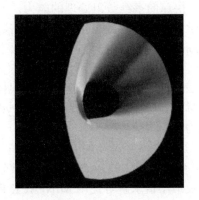

图 1.4　某宇宙飞船周围空气密度分布图

等值线是指将图中对象的某一些数值指标的各个点连成平滑的曲线。等值线方法是用一组数值来表示连续分布的图像,使数值特征渐变的方法。

立体图法和层次分割法经常结合使用,用在地形数据场的可视化处理中。在立体图法中,用立体图形来显示平面的数据,将平面数据场的数据转换为高度数据。层次分割法是将立体图法进一步扩展,并对立体图中的三角面进行分层,使各层之间有明确的层次分割线。

2. 三维标量数据场

在三维标量数据场方法中有两类常见的方法:一类是面绘制方法,一类是体绘制方法。面绘制方法是用图形的手段还原出物体的三维空间结构,并以表面的形式表示出来。体绘制方法展示的不仅是表面的细节,更是体内部的细节。体绘制将三维空间中离散的数据转换为立体图。

3. 矢量数据场

矢量数据场方法包含矢量数据场直接法和矢量数据场流线法。在矢量数据场直接法中，矢量数据既有方向，又有大小，因此在可视化过程中，用箭头、线段、色轮等手段表示矢量数据。在矢量数据场流线法中，矢量数据场流线图体现了流场空间各点在同一瞬间的流动概念。场上每一点的切线可以表示该点流体的流速方向，大小由流线的密度表示。

科学计算可视化的应用领域非常广泛，包括地球科学、大气科学、生物/分子科学、航空/航天/工业、医学/生命科学、化学/化工、物理/力学、人类/考古学、地质勘探等。

1.4.2　函数库介绍

Python 语言关于科学计算方面的内容由许多库构成，下面主要介绍编写科学计算软件时经常使用的一些库。

1. 数值计算库

NumPy 为 Python 提供了快速的多维数组处理的能力，并且提供了丰富的函数库处理这些数组。它将常用的数学函数都进行数组化，使得这些数学函数能够直接对数组进行操作，将本来需要在 Python 级别进行的循环，放到 C 语言的运算中，明显地提高了程序的运算速度。SciPy 是一个开源的 Python 科学计算库，它在 NumPy 库的基础上增加了众多的数学、科学以及工程计算中常用的库函数，如线性代数、常微分方程数值求解、信号处理、图像处理、稀疏矩阵等。有了这两个库，Python 就有几乎和 MATLAB 一样的处理数据和计算的能力。

SciPy 的核心计算部分都是一些久经考验的 Fortran 数值计算库。例如，线性代数使用 LAPACK 库；快速傅里叶变换使用 FFTPACK 库；常微分方程求解使用 ODEPACK 库；非线性方程组求解，以及最小值求解等使用 MINPACK 库。

2. 符号计算库

SymPy 是一个符号计算库，具有各种类型的符号计算能力。它可以简化数学表达式、计算微分、积分与极限、方程的解、矩阵以及各种数学函数。所有这些功能都通过数学符号完成。

3. 界面设计

制作界面一直都是一项十分复杂的工作。使用 Traits 库，用户将不用在界面设计上耗费大量精力，从而把注意力集中到数据处理上。

Traits 库分为 Traits 和 TraitsUI 两大部分，Traits 为 Python 添加了类型定义的功能，使用它定义的 traits 属性具有初始化、校验、代理、事件等诸多功能。

TraitsUI 库基于 Traits 库，使用 MVC 结构快速地定义用户界面，在最简单的情况下，用户甚至不需要写一句关于界面的代码，就可以通过 Trait 属性定义获得一个可以工作的用户界面。使用 TraitsUI 库编写的程序自动支持 wxPython 和 pyQt 两个经典的界面库。

4. 绘图与可视化

Chaco 和 Matplotlib 是很优秀的 2D 绘图库，Chaco 库和 Traits 库紧密相连，方便制作动态交互式的图表功能。Matplotlib 库能够快速地绘制精美的图表，以多种格式输出，并且带有简单的 3D 绘图功能。

视觉化工具函式库（visualization toolkit，VTK）是一个开源的免费软件系统，主要用于三维计算机图形学、图像处理和可视化。它用 C++编写，包含了近千个类帮助用户处理和显示数据。它在 Python 下有标准的绑定，不过其 API 和 C++相同，不能体现出 Python 作为动态语言的优势。因此，Enthought 公司开发了一套 TVTK 库对标准的 VTK 库进行包装，提供了 Python 风格的 API，支持 Trait 属性和 NumPy 的多维数组。

虽然 VTK 3D 可视化软件包功能强大，Python 的 TVTK 包装方便简洁，但是要用这些工具快速编写实用的三维可视化程序仍然需要花费不少的精力。因此，基于 VTK 开发了许多可视化软件，如 ParaView、VTKDesigner 2、Mayavi 2 等。

Mayavi 2 完全用 Python 编写，因此它不但是一个方便实用的可视化软件，而且可以方便地用 Python 编写扩展，嵌入用户编写的 Python 程序中，或者直接使用其面向脚本的 API——mlab 快速绘制三维图。

5. 图像处理和计算机视觉

OpenCV 是由英特尔公司发起并参与开发的计算机视觉库，以 BSD 许可证授权发行，可以在商业和研究领域中免费使用。OpenCV 是一个用于图像处理、分析、机器视觉方面的开源函数库。OpenCV 提供的 Python API 方便用户快速实现算法、查看结果以及与其他的库进行数据交换。

1.5 机 器 学 习

机器学习就是用计算机通过算法来学习数据中包含的内在规律和信息，从而获得新的经验和知识，以提高计算机的智能性，使计算机面对问题时能够做出与人类相似的决策。它是人工智能的核心，同时也是处理大数据的关键技术之一。20 世纪下半叶，机器学习逐渐演化为人工智能的一个分支，其目的是通过对自学习算法的开发，从数据中获取知识，进而对未来进行预测。与以往通过大量数据分析而人工推导出规则并构造模型不同，机器学习提供了一种从数据中获取知识的方法，同时能够逐步提高预测模型的性能，并将模型应用于基于数据驱动的决策中去。机器学习不仅在计算机科学研究领域显现出日益重要的地位，而且在日常生活中也逐渐发挥出了越来越大的作用。机器学习技术的存在，使人们可以享受强大的垃圾邮件过滤功能带来的便利，拥有方便的文字和语言识别软件，能够使用可靠的网络搜索引擎，同时在象棋的网络游戏对阵中棋逢对手，未来拥有安全高效的无人驾驶汽车也将成为可能。

随着各行各业的发展，数据量不断增多，对数据处理和分析的效率有了更高的要求，一系列的机器学习算法应运而生。机器学习算法主要是指运用大量的统计学原理来求解最优化问题的步骤和过程。针对各式各样的模型需求，选用适当的机器学习算法可以更高效地解决一些实际问题。

1.5.1 机器学习算法的分类

从 1950 年艾伦·图灵提议建立一个学习机器至今，机器学习有了很大的进展，研究发表的机器学习的方法种类很多，根据机器学习模型所强调内容的不同，主要有以下几种分类方法。

1. 基于学习策略的分类

基于学习策略的分类主要包含两类：①模拟人脑的机器学习，主要是模拟人脑的宏观心理级学习过程或微观生理级学习过程，如符号学习和神经网络学习；②直接采用数学方法的机器学习，它基于对数据的初步认识及学习目的的分析，选择合适的数学模型，拟定超参数，并输入样本数据，依据一定的策略，运用合适的学习算法对模型进行训练，最后运用训练好的模型对数据进行分析预测，如统计机器学习。

2. 基于学习方法的分类

基于学习方法的分类主要包含归纳学习、演绎学习、类比学习和分析学习。

3. 基于学习方式的分类

基于学习方式的分类是现在主流的分类方式，其根据训练样本及反馈方式的不同，将机器学习算法分为监督学习、无监督学习和强化学习 3 种类型。其中，监督学习是机器学习这 3 个分支中最大也是最重要的分支。

4. 基于数据形式的分类

基于数据形式的分类根据模型输入数据的结构可分为两类：①结构化学习，以结构化数据为输入，以数值计算或符号推演为方法，典型的结构化学习有神经网络学习、统计学习、决策树学习、规则学习；②非结构化学习，以非结构化数据为输入，典型的非结构化学习有类比学习、案例学习、解释学习、文本挖掘、图像挖掘、Web 挖掘等。

5. 基于学习目标的分类

基于学习目标的分类是根据模型学习的目标和结果划分的，包括概念学习、规则学习、函数学习、类别学习和贝叶斯网络学习。

1.5.2 机器学习经典算法

机器学习作为一个独立的研究方向已经经过了数十年的发展，其间经过一代又一代研究人员的努力，诞生了众多经典的机器学习算法，但限于篇幅无法对所有算法一一整理总结，以下只列举了一部分经典算法并进行描述。

1. 朴素贝叶斯算法

朴素贝叶斯（naive Bayesian）算法基于统计学分类中的贝叶斯定理，将特征条件独立性假设作为前提，是一种常见的有监督学习分类算法。在实际情况下，朴素贝叶斯算法的独立假设并不能成立，所以其性能略差于其他一些机器学习算法，但是由于其实现简单、计算复杂度低且对训练集数据量的要求不大，使其在文本分类、网络舆情分析等领域中具有十分广泛的应用。另外，由于实际应用中存在各特征相互干涉、训练数据集缺失等情况，于是又从中优化演变出其他贝叶斯算法，以增强其泛化能力。

2. k 均值算法

k 均值（k-means）算法是一种常用的聚类算法。其核心思想是把数据集的对象划分为多个聚类，并使数据集中的数据点到其所属聚类的质心的距离平方和最小，考虑到算法应用的场景不同，此处描述的"距离"包括但不限于欧氏距离、曼哈顿距离等。k 均值算法原理十分简单，需要调节的参数只有一个 k，且具有出色的速度和良好的可扩展性，因而 k 均值算法作为经典的聚类算法，被普遍应用于需要解决此问题的各个领域之中。

3. AdaBoost 算法

AdaBoost（Adaptive Boosting）算法是一种可以用来减小监督学习中偏差的机器学习算法。AdaBoost 算法是较优秀的 Boosting 算法之一，其核心思想是将分类精度比随机猜测略好的弱分类器提升为高分类精度的强分类器。AdaBoost 算法可用于分类和回归，但目前的研究和应用大多集中于分类问题。相较于其他机器学习算法，AdaBoost 算法虽然对异常值和噪声数据比较敏感，但其具有能够显著改善子分类器预测精度、不需要先验知识、理论扎实、克服了过拟合问题等诸多优点。这使 AdaBoost 算法及其演化算法凭借其优秀性能受到不同领域研究人员的关注，目前被广泛应用于机器视觉、计算机安全、计算生物学等诸多领域。

4. 支持向量机

支持向量机（support vector machine，SVM）是一种对数据进行二元分类的广义线性分类器，其决策边界是对学习样本求解得到的最大边距超平面。支持向量机算法在提出之初就被成功地应用于手写数字的识别上，证明了其算法在理论上具有突出的优势。支持向量机模型与许多机器学习算法能够很好地联合应用，这使支持向量机有了诸多性能更佳的改进模型。在近几年的发展中，支持向量机在人脸识别、文字识别、图像处理等方面都得到了广泛应用。

经过漫长的发展，经历了萌芽期、停滞期、复兴期、成型期直到现在的蓬勃发展期，机器学习算法的研究成果得到广泛应用实属不易。虽然目前有了众多机器学习算法，但没有一种算法能够适用所有问题。针对不同的应用场景，监督学习、无监督学习、强化学习都有各自合适的选择，各种类别的机器学习算法均有擅长的领域和难以克服的缺陷。尽管机器学习的经典算法较为简单，但它是机器学习发展的基础和核心，可将其进行改进和联合使用，以发挥优点、弥补不足，促进机器学习能力的提升。

总之，机器学习就是计算机在算法的指导下，能够自动学习大量输入数据样本的数据结构和内在规律，给机器赋予一定的智慧，从而对新样本进行智能识别，甚至实现对未来的预测。

1.6 Python 开发环境部署

IDLE 和 Anaconda 3 是常用的 Python 开发环境。IDLE 环境简单实用，而 Anaconda 3 环境对代码编写和项目管理更为方便。

Anaconda 3 开发环境包集成大量常用的扩展库，并提供 Jupyter Notebook 和 Spyder 两个开发环境。从官方网站 http://www.anaconda.com/下载合适版本并安装，然后启动 Jupyter Notebook 或 Spyder。Jupyter Notebook 尤其适用于机器学习和数据科学。

1.6.1 Jupyter Notebook 入门

Jupyter Notebook 作为 Anaconda 套件中受到广泛关注的应用，自然有其独特的魅力。这个魅力要从文学编程说起。

传统的结构化编程是人们花费大量的力气让代码顺应计算机的逻辑顺序，指导计算机做事。文学编程是让编程者集中精力向人类解释需要计算机做什么，因此更顺应编程者的思维逻辑。

由于本书面向的对象从计算机变成了人类，因此如果仅仅展示晦涩难懂的代码，那么可能很少有人有足够的耐心去充分了解编程者所做的工作。此时，叙述性的文字、可视化的图表将会为本书的阐述增添不少色彩。而这些，在 Jupyter Notebook 中都可以看到。

Jupyter Notebook 是一种 Web 应用，也是一个交互式笔记本，它能让用户将说明文本、数学方程、代码和可视化内容全部组合到一个易于共享的文档中，非常便于研究、展示和教学。数据科学家可以在上面创建和共享自己的文档，从实现代码到全面报告，Jupyter Notebook 大大简化了开发者的工作流程，帮助他们实现更高的生产力和更简单的多人协作。

在原始的 Python shell 与 IPython 中，可视化在单独的窗口中进行，而文字资料及各种函数和类脚本则包含在独立的文档中。但是，Jupyter Notebook 能将这一切都集中整合起来，让用户一目了然。它是文学编程这一理念的实践者。

1.6.2 Jupyter Notebook 的优势

1. 可用于编写数据分析报告

Jupyter Notebook 对文本、代码和可视化内容的整合，使它在编写数据分析报告时具有极大的优势。使用 Jupyter Notebook 编写的数据分析报告，既能够使报告者的思路清晰顺畅，也能够使接收者更直观清晰地了解主要内容。

2. 支持多语言编程

Jupyter Notebook 是从 IPython Notebook 发展而来的，其名称的变化就能很好地表明其支持的语言在不断扩张。刚开始时，Jupyter 是 Julia 语言、Python 语言及 R 语言的组合，而现在它支持的语言已经超过 40 种。

3. 用途广泛

Jupyter Notebook 能够完成多种数据分析工作，包括数据清洗和转换、数值模拟、统计建模、数据可视化、机器学习等。

4. 分享便捷

Jupyter Notebook 支持多种形式的分享。用户可以通过电子邮件、Dropbox、GitHub 和 Jupyter Notebook Viewer，将 Jupyter Notebook 分享给其他人。当然也可以选择将文件导出为 HTML、Markdown 和 PDF 等多种格式。

5. 可远程运行

由于 Jupyter Notebook 是一种 Web 应用，因此在任何地点，只要网络连接远程服务器，都可以用它来实现运算。

6. 交互式展现

Jupyter Notebook 不仅可以输出图片、视频和数学公式等，甚至还可以呈现出一些互动的可视化内容，如可缩放地图或旋转三维模型，但这需要交互式插件的支持。

1.6.3　Jupyter Notebook 的界面

1. Notebook Dashboard 简介

打开 Jupyter Notebook 一般有两种方式：一种是从 Anaconda Navigator 中单击进入；另一种则是从终端进入。

通常来说，打开 Jupyter Notebook 意味着打开默认的 Web 浏览器，此时会看到 Notebook Dashboard 界面，它会显示 Notebook 服务器启动目录中的笔记本、文件和子目录的列表，通过列表可以选择某一个 Notebook 文件进入，如图 1.5 所示。

图 1.5　Notebook Dashboard 界面

从 Notebook Dashboard 界面中可以看到，它的顶部有 Files、Running 和 Clusters 3 个选项卡。其中，Files 列出了所有文件，Running 显示已经打开的终端和笔记本，Clusters

则由 IPython parallel 提供。

如果要将 Notebook 文件上传到当前的目录中，可以通过将文件拖动到 Notebook 列表或单击右上角的 Upload 按钮来实现。

当某个 Notebook 文件正在运行时，在该文件名称前方的笔记本图标会显示为绿色，同时右侧会出现绿色的 Running 标记。如果想关闭某个正在运行的 Notebook 文件，那么仅仅通过关闭该文件的页面是无法实现的，需要在 Dashboard 界面明确关闭它。

如果要对 Notebook 文件进行复制、关闭、查看或删除操作，可以选中该文件前面的复选框，此时 Notebook 列表的顶部会显示一系列控件，单击其中的按钮可以实现相应操作，如图 1.6 所示。

图 1.6　选中某个 Notebook 文件前面的复选框后顶部会出现的控件

另外，选择 Running 选项卡可以查看所有正在运行的 Notebook 文件，如图 1.7 所示，在此页面中也可以进行文件的关闭操作。

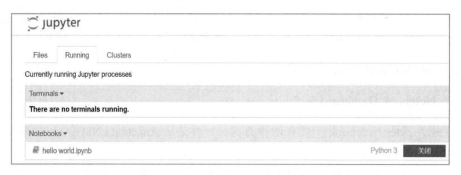

图 1.7　Notebook 的 Running 界面

2. Notebook 编辑器的用户界面组件

当打开一个新建的 Notebook 编辑器时，会显示笔记本名称、菜单栏、工具栏、模式指示器、内核指示器及代码单元格，如图 1.8 所示。

图 1.8　新建的 Notebook 的用户界面

1）笔记本名称（notebook name）：页面顶部显示的名称（Jupyter 图标旁边），即.ipynb 文件的名称。单击笔记本名称会弹出一个对话框，可进行重命名。

2）菜单栏（menu bar）：显示可用于操纵笔记本功能的不同选项。

3）工具栏（tool bar）：将鼠标悬停在某个图标上可以获取该图标的功能，通过单击图标可以快速执行笔记本中最常用的操作。

4）模式指示器（mode indicator）：显示 Notebook 当前所处的模式，当没有图标显示时，表示处于命令模式；当出现小铅笔图标时，表示处于编辑模式。

5）内核指示器（kernel indicator）：能够显示当前所使用的内核及所处状态，当内核空闲时，会显示为空心圆环；当内核运行时，会显示为实心圆形。

6）代码单元格（code cell）：默认的单元格类型，可在其中进行编程操作。

Notebook 包含一系列单元格。单元格是一个多行文本输入字段，共有代码单元格、标记单元格和原生单元格 3 种类型。

1.6.4　Jupyter Notebook 的基本使用

为了给后续 Python 的编程学习打下一个良好的基础，此处对 Notebook 的基本使用操作进行简单介绍。

1. 运行代码

在编辑模式下，可以对代码单元格进行输入和运行代码的操作。

例 1.1　输出"Hello,world"。

```
print('Hello,world')    # 输出：Hello,world
```

要运行代码可以单击工具栏中的运行按钮，或者使用【Shift+Enter】快捷键，运行开始后单元格前方的中括号里会出现"*"标记，同时在下方会产生一个新的空代码单元格。运行结束后，单元格前方的中括号里会显示运行的顺序，运行结果如图 1.9 所示。

图 1.9　输出"Hello,world"的运行结果

另外，还有两个快捷键也可用于代码的运行。

1）【Alt+Enter】：运行当前单元格并在下方插入新的单元格。

2）【Ctrl+Enter】：运行当前单元格并进入命令模式，此时不会有新的单元格产生。

此外，选择菜单栏中的 Cell 选项，在其下拉菜单中可以选择运行所有单元格、运行以上/以下单元格等运行方式。

2. 停止运行

如果在代码运行的过程中发现代码错误或陷入死循环，需要停止正在运行的代码，可以通过在命令模式下连续按两次【I】键来实现，也可以单击工具栏中的正方形按钮来停止代码运行。运行被强制停止后会出现"KeyboardInterrupt"的提示。

此外，还可以通过中断内核运行来实现此操作。内核是代码运行的单独进程，可以通过选择菜单栏中的 Kernal 选项对内核进行中断、重启等操作。如果想在一个 Notebook 中切换不同的 Python 版本，也可以通过切换内核来实现。

在单元格中输入以下代码并运行，尝试用以上不同的方法来停止运行，停止运行的结果如图 1.10 所示。

```
--------------------------------------------------------------
KeyboardInterrupt                          Traceback (most recent call last)
<ipython-input-8-5b1ac80992f9> in <module>
----> 1 time.sleep(10)

KeyboardInterrupt:
```

图 1.10　代码停止运行后的结果

例 1.2　停止运行。

```
import time          # 导入 time 包
time.sleep(10)       # 暂停 10s 后再执行程序
```

第 2 章　Python 网络爬虫与信息提取

网络爬虫（web crawler）是一种按照一定规则自动抓取网络信息数据的程序或脚本。相对于搜索引擎，网络爬虫能够获取精准的数据信息。随着人工智能和大数据技术的快速发展，网络爬虫的应用也越来越多，经常被用于构建基于互联网的数据集。网络爬虫是一个实践性很强的技术，本章通过 Python 语言实现简单的网页信息的爬取与采集，让读者理解网络爬虫的概念和基本工作过程。

2.1　网络爬虫简介

2.1.1　通用网络爬虫的工作原理

通用网络爬虫的主要目的在于获取数量尽可能多的页面，其基本工作流程如图 2.1 所示。

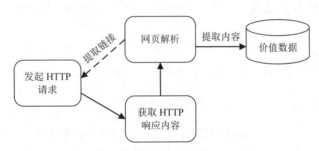

图 2.1　通用网络爬虫的基本工作流程

通用网络爬虫基本工作流程的具体描述如下。

1）选择所需的网页，以这些网页的链接地址作为种子 URL，存入待抓取的 URL 队列。简单地说，URL 是 Internet 上描述信息资源的字符串，主要用在各种万维网客户程序和服务器程序上。

2）使用 HTTP 向指定的 Web 服务器发起连接请求，如果服务器能正常响应，则获取 HTML 数据。

3）解析 HTML，提取有价值的目标信息。超文本标记语言（hypertext markup language，HTML）是一种用于创建网页的标记语言，里面嵌入了文本、图像等数据，可以被浏览器读取，并渲染成用户所看到的网页。

4）重复第 1）步。

一个简单的网络爬虫程序需要解决以下两个问题：①向目标网站发送请求；②对网页或数据的分析与过滤。

2.1.2 通用网络爬虫的常用技术

1. 网络请求

网络爬虫的关键功能是通过 URL 地址向服务器发出访问请求，服务器正常响应返回网页信息。Python 中常用 3 种方式实现网络请求：urllib、urllib3 和 Requests。

1）urllib 是 Python 的内置模块，该模块提供了一个 urlopen()方法，通过该方法指定 URL 发送网络请求来获取数据。urllib 包含以下几个子模块来处理请求。

❖ urllib.request：发送 HTTP 请求，定义了打开 URL 的方法和类。

❖ urllib.error：处理请求过程中出现的异常，基本的异常类是 URLError。

❖ urllib.parse：解析和引用 URL。

❖ urllib.robotparser：解析 robots.txt 文件。

2）urllib3 是一个功能强大、条例清晰、用于 HTTP 客户端的 Python 库，许多 Python 的原生系统已经开始使用 urllib3。urllib3 提供了很多 Python 标准库中所没有的重要特性，包括线程安全、连接池、客户端 SSL/TLS 验证、文件分部编码上传、协助处理重复请求和 HTTP 重定位、支持压缩编码、支持 HTTP 和 SCOKS 代理、100%测试覆盖率等。

在使用 urllib3 模块之前，需要在 Python 中通过 pip install urllib3 命令进行模块的安装。

3）Requests 是用 Python 语言基于 urllib 编写的、比 urllib 更加方便使用的一个第三方模块，该模块在使用时比 urllib 更加简单，操作更人性化，可以节约人们大量的时间。

2. BeautifulSoup

BeautifulSoup 是一个可以从 HTML 或 XML 文件中提取数据的 Python 库。它能够通过转换器实现惯用的文档导航、查找和修改文档的方式，可以极大地提高工作效率。

BeautifulSoup 自动将输入文档转换为 Unicode 编码，将输出文档转换为 UTF-8 编码。用户不需要考虑编码方式，只有在文档没有指定编码方式时，用户才需要说明一下原始编码方式，以保证 BeautifulSoup 能自动识别编码方式。

BeautifulSoup 已成为同 lxml、html6lib 一样出色的 Python 解释器，为用户灵活地提供不同的解析策略或强劲的速度。BeautifulSoup 3 目前已经停止开发，在实际的项目中推荐使用 BeautifulSoup 4，但是它已经被移植到 bs4，也就是说使用时需要导入 bs4。

BeautifulSoup 支持标准库中包含的 HTML 解析器，也支持许多第三方的解析器，如 lxml 和 html5lib 等，这两个解析器可以通过 pip 进行安装。

3. Python 正则表达式

正则表达式是处理字符串的强大工具，它采用事先定义好的一些特定字符的组合组成一个"规则字符串"，利用"规则字符串"对字符串进行过滤检索。采用正则表达式匹配方法可以更加灵活地实现页面信息的提取。

在 Python 中，re 模块提供了正则表达式匹配所需要的功能。在使用该模块的功能之前要先导入。该模块的主要功能有匹配和搜索、分割字符串、匹配和替换等。调用 re 模块功能的方法总体上可以分为两种：一种是直接使用 re 模块的方法进行匹配，包括 re.findall、re.match、re.search、re.split、re.sub 和 re.subn；另一种是使用正则表达式对象，基本过程是先通过 re.compile 定义一个正则表达式对象，然后利用该对象所拥有的方法，即 findall、match、search、split、sub 和 subn 进行字符串处理。第二种方法在调用时提供了额外的参数，允许在一定范围内进行字符串匹配；而第一种方法没有在指定范围匹配的功能。例如，用 re.findall 进行匹配的方法，其函数原型如下。

```
findall(pattern, string[, flags])
```

其中，string 为输入的字符串，pattern 是指定的匹配模式，flags 是一个可选参数，用于表示匹配过程中的一些选项。该函数返回一个列表。

2.1.3　网络爬虫的分类

网络爬虫按照实现的技术和结构可以分为通用网络爬虫、聚焦网络爬虫、增量式网络爬虫和深层网络爬虫等几种类型。在实际的使用过程中，经常是多种类型组合使用。

1. 通用网络爬虫

通用网络爬虫又称为全网爬虫，是百度和谷歌等搜索引擎抓取系统的重要组成部分，主要目的是将互联网上的网页下载到本地，形成一个互联网内容的镜像备份，有非常高的应用价值。通用网络爬虫从互联网中搜集网页，采集信息，这些网页信息用于为搜索引擎建立索引从而提供支持，它决定着整个引擎系统的内容是否丰富，是否为即时信息，因此其性能的优劣直接影响着搜索引擎的效果。通用网络爬虫的爬取范围和数量巨大，爬取的是海量数据，对爬行速度和存储空间要求极高，一般采用并行的工作方式。

2. 聚焦网络爬虫

聚焦网络爬虫是"面向特定主题需求"的一种网络爬虫程序，因此也称为主题网络爬虫。它与通用网络爬虫的区别在于：聚焦网络爬虫在实施网页抓取时会对内容进行处理筛选，按照预先确定的主题，有选择地进行网页抓取，尽量保证只抓取与需求相关的网页信息，从而可以极大地节省存储硬件和网络资源，并可以快速获取所需主题的相关数据。一般用户使用的爬虫都是这一种类型。

3. 增量式网络爬虫

增量式网络爬虫是指在抓取数据时，只抓取新产生或更新过的页面，对于没有产生变化的页面，则不会抓取，这样可以有效地减少数据下载量，减少时间和空间的开销。

4. 深层网络爬虫

深层网络爬虫是指能抓取那些隐藏在深层网页中的信息的爬虫。所谓深层网页是指那些不能通过静态链接获取、需要提交一些表单才能获得的页面。实际上，互联网上大部分信息都是隐藏在深层网页中的，所以深层网页是主要的抓取对象。深层网络爬虫主要通过爬行控制器、解析器、表单分析器、表单处理器、响应分析器、标签数值集合（label value set，LVS）控制器、URL 表和 LVS 表等部分构成。

2.1.4 网络爬虫开发常用框架

1. Scrapy

Scrapy 是一套开源的、成熟的、快速的、简单轻巧的网络爬虫框架，支持 Web 2.0，可以高效地抓取 Web 站点并从页面中提取结构化的数据，其官方网址为 https://scrapy.org。Scrapy 用途广泛，可用于数据挖掘、检测和自动化测试，也可应用在包括数据挖掘、信息处理或存储历史数据等一系列的程序中。Scrapy 框架工作原理如图 2.2 所示。

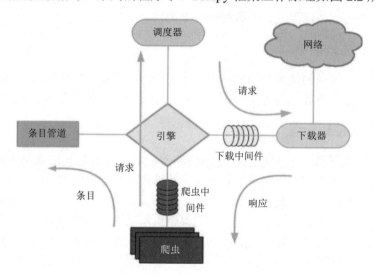

图 2.2　Scrapy 框架工作原理

2. pyspider

pyspider 是一个强大的网络爬虫系统，并带有强大的 WebUI（其官方网址为 http://www.pyspider.cn）。它用 Python 语言编写，采用分布式架构，支持多种数据库后端，具有强大的 WebUI 支持脚本编辑器、任务监视器、项目管理器以及结果查看器。

pyspider 内置 pyquery，可以用任何 HTML 解析包，支持 MySQL、MongoDB、Redis、SQLite、Elasticsearch、PostgreSQL 及 SQLAlchemy 等关系型数据库和非关系型数据库进行存储。支持 RabbitMQ、Beanstalk、Redis 和 Kombu 等队列服务，支持抓取 JavaScript 的页面。

3. Crawley

Crawley 可以高速抓取对应网站的内容，支持 MySQL、SQLite 和 PostgreSQL 等关系型数据库和 MongoDB、Clouchdb 等非关系型数据库，数据可以导出为 JSON、XKL 等格式。Crawley 可以使用 Xpath 或 Pyquery 工具进行数据提取，支持使用 Cookie 登录或访问只有登录权限才可以访问的网页。

4. Portia

Portia 是 scrapyhub 开源的一款可视化爬虫规则编写工具。Portia 提供了可视化的 Web 页面，只需通过简单单击，标注页面上需提取的相应数据，无须任何编程知识即可完成爬取规则的开发。这些规则还可在 Scrapy 中使用，用于抓取页面。

5. Newspaper3k

Newspaper3k 可以用来提取新闻、文章和内容分析；使用多线程，支持十多种语言等。

6. BeautifulSoup

BeautifulSoup 是一个可以从 HTML 或 XML 文件中提取数据的 Python 库。它能够通过转换器实现惯用的文档导航、查找和修改，可极大地提高工作效率，节约大量的时间。

7. Grab

Grab 是一个 Web 抓取全能型爬虫框架，借助 Grab 可以构建各种复杂的网页抓取工具。Grab 提供一个 API，用于执行网络请求和处理接收的内容，如与 HTML 文档的 DOM 树进行交互。

8. Cola

Cola 是一个分布式的爬虫框架，对于用户来说，只需编写几个特定的函数，而无须关注分布式运行的细节。任务会自动分配到多台机器上，整个过程对用户是透明的。

2.2　基于 Requests 的网络数据获取方法

基于 Requests 方法的网络爬虫获取网络数据的流程如下：浏览器向服务器发出 HTTP 请求，服务器收到请求后，会返回相应的网页对象，如图 2.3 所示。Requests 是基于 urllib，采用 Apache2 Licensed 开源协议的 HTTP 库，其在 Python 内置模块的基础上进行了高度的封装，使用 Requests 可以轻而易举地完成浏览器的网络请求。Requests 的主要操作对象有 HTTP 请求（request）和 HTTP 响应（response）。

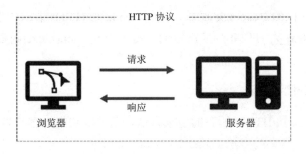

图 2.3　网络数据获取流程

2.2.1 Requests 的安装

Requests 的具体安装步骤如下。

1）进入命令提示符界面。

2）输入命令"pip install requests"。

执行安装命令过程如图 2.4 所示。

```
(base) C:\Users\lxy>pip install requests
Looking in indexes: https://pypi.tuna.tsinghua.edu.cn/simple
Collecting requests
  Using cached https://pypi.tuna.tsinghua.edu.cn/packages/92/96/144f70b972a9c0eabbd4391
ef93ccd49d0f2747f4f6a2a2738e99e5adc65/requests-2.26.0-py2.py3-none-any.whl (62 kB)
Requirement already satisfied: urllib3<1.27,>=1.21.1 in c:\users\lxy\anaconda3\lib\site
-packages (from requests) (1.25.9)
Requirement already satisfied: certifi>=2017.4.17 in c:\users\lxy\anaconda3\lib\site-pa
ckages (from requests) (2020.6.20)
Requirement already satisfied: idna<4,>=2.5; python_version >= "3" in c:\users\lxy\anac
onda3\lib\site-packages (from requests) (2.10)
Collecting charset-normalizer~=2.0.0; python_version >= "3"
  Downloading https://pypi.tuna.tsinghua.edu.cn/packages/3f/65/69e6754102dcd018a0f29e4d
b673372eb323ee504431125ab6c9109cb21c/charset_normalizer-2.0.6-py3-none-any.whl (37 kB)
Installing collected packages: charset-normalizer, requests
Successfully installed charset-normalizer-2.0.6 requests-2.26.0

(base) C:\Users\lxy>
```

图 2.4　Requests 库的安装过程

安装完成后，利用如下代码进行测试。

```
import requests
r = requests.get("http://www.hbmzu.edu.cn")
print(r.status_code)
print(len(r.text))
```

测试运行结果：

```
200
70
```

其中，r 为服务器返回的 Response 对象，status_code 为 HTTP 请求的返回状态，200 表示请求连接成功；text 为 HTTP 响应内容的字符串形式，len(r.text)函数计算响应返回文本的长度。

2.2.2 Requests 的使用方法

Requests 库提供了 HTTP 所有的请求方法，请求方法指定客户端想对指定的资源/服务器做何种操作，常见的方法如表 2.1 所示。

表 2.1　Requests 库的 7 种主要方法

方法	说明
requests.request()	构造一个请求，支撑以下各方法的基础方法
requests.get()	获取 HTML 网页的主要方法
requests.head()	获取 HTML 网页头信息的方法
requests.post()	向 HTML 网页提交 POST 请求的方法
requests.put()	向 HTML 网页提交 PUT 请求的方法
requests.patch()	向 HTML 网页提交局部修改请求的方法
requests.delete()	向 HTML 页面提交删除请求的方法

下面主要介绍两种方法：requests.get()和 requests.post()。

requests.get()就是用户向 Web 服务器发出请求的意思，服务器检查请求头（request headers）后，如果没有问题，就会返回 Response 对象信息给用户。函数调用形式如下。

```
r = requests.get(url, headers, data, timeout, params = None)
```

常用参数说明：

❖ url：目标网址，接收完整（带 http）的地址字符串，必选。

❖ headers：请求头；存储用户信息，如浏览器版本；是一个字典型数据，可选参数，控制访问参数。

❖ data：要提交的数据，字典型，控制访问参数，可选。

❖ timeout：超时设置，如果服务器在指定秒数内没有应答，抛出异常，用于避免无响应链接，整型或浮点数，控制访问参数，可选。

❖ params：为网址添加条件数据，字典型，可选。

r 为 requests.get()方法返回的一个 Response 对象。Response 对象包含 Web 服务器返回的所有信息，Response 对象的属性如表 2.2 所示。

表 2.2　Response 对象的属性

属性	说明
status_code	HTTP 请求的返回状态，200 表示连接成功，404 表示失败
text	HTTP 响应内容的字符串形式，即 URL 对应的页面内容
encoding	从 HTTP header 中猜测的响应内容编码方式
apparent_encoding	从内容中分析出的响应内容编码方式（备选编码方式）
content	HTTP 响应内容的二进制形式

requests.post()就是本地要向 Web 服务器提交数据的请求，Web 服务器还是会检查请求头，如果提交的数据和请求头都没有问题，就会返回信息给本地。函数调用形式如下。

```
# 返回一个 Response 对象
r = requests.post(url,headers, data,timeout, params = None)
```

requests.post()方法中的参数和 requests.get()方法中的参数类似，这里不再赘述。

例 2.1 向 Requests 官方网站发出 HTTP 请求，图 2.5 是 Requests 官方网站首页，图 2.6 是向服务器发出 HTTP 请求的返回结果。

```python
import requests
r = requests.get('http://cn.python-requests.org/zh_CN/latest/')
print(r.status_code)
print(r.text)
```

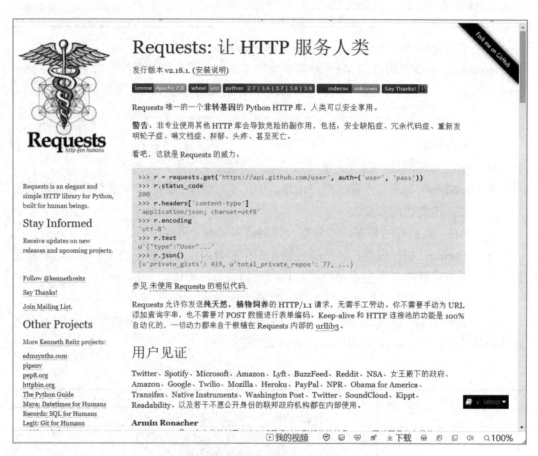

图 2.5　Requests 官方网站首页

代码运行结果如图 2.6 所示。

status_code 是 HTTP 请求的返回状态码。借助状态码，用户可以知道服务器是否正常处理了请求。对于网络爬虫程序而言，可以通过状态码确定页面抓取结果，text 返回 URL 对应的页面内容。

HTTP 响应状态码的类别如表 2.3 所示。

```
200
<!DOCTYPE html PUBLIC "-//W3C//DTD XHTML 1.0 Transitional//EN"
  "http://www.w3.org/TR/xhtml1/DTD/xhtml1-transitional.dtd">

<html xmlns="http://www.w3.org/1999/xhtml" lang="zh_CN">
  <head>
    <meta http-equiv="Content-Type" content="text/html; charset=utf-8" />

    <title>Requests: 让 HTTP 服务人类 &#8212; Requests 2.18.1 文档</title>

    <link rel="stylesheet" href="_static/alabaster.css" type="text/css" />
    <link rel="stylesheet" href="_static/pygments.css" type="text/css" />
    <link rel="stylesheet" href="https://media.readthedocs.org/css/badge_only.css" ty
pe="text/css" />

    <script type="text/javascript">
      var DOCUMENTATION_OPTIONS = {
        URL_ROOT:    './',
```

图 2.6　向服务器发出 HTTP 请求的返回结果

表 2.3　HTTP 响应状态码的类别

状态码	类别	描述
1××	Informational（信息状态码）	接收的请求正在处理
2××	Success（成功状态码）	请求正常处理完毕，如 200 表示从客户端发来的请求在服务器端被正常处理
3××	Redirection（重定向状态码）	需要进行附加操作以完成请求
4××	Client Error（客户端错误状态码）	服务器无法处理请求，如 403 Forbidden 表示请求资源的访问被服务器拒绝，404 Not Found 表示资源未找到
5××	Server Error（服务器错误状态码）	服务器处理请求出错，如 503 Service Unavailable 表示服务器暂时处于超负载或者正在进行停机维护，现在无法处理请求

例 2.2　爬取网页的通用代码框架。

```python
import requests
def getHTMLText(url):
    try:
        r = requests.get(url, timeout = 30)
        r.raise_for_status()      # 如果状态不是200，引发 HTTPError 异常
        r.encoding = r.apparent_encoding
        return r.text
    except:
        return "产生异常"


if __name__ == "__main__":
url = 'http://cn.python-requests.org/zh_CN/latest/'
getHTMLText(url)
```

代码运行结果如图 2.7 所示。

```
'<!DOCTYPE html PUBLIC "-//W3C//DTD XHTML 1.0 Transitional//EN"\n  "http://www.w3.or
g/TR/xhtml1/DTD/xhtml1-transitional.dtd">\n\n\n\<html xmlns="http://www.w3.org/1999/xh
tml" lang="zh_CN">\n  <head>\n    <meta http-equiv="Content-Type" content="text/html;
charset=utf-8" />\n  \n    <title>Requests: è®© HTTP æœ�åŠ¡äºº¢±» &#8212; Request
s 2.18.1 æ-‡æ¡£</title>\n  \n    <link rel="stylesheet" href="_static/alabaster.cs
s" type="text/css" />\n    <link rel="stylesheet" href="_static/pygments.css" type="t
ext/css" />\n    <link rel="stylesheet" href="https://media.readthedocs.org/css/badge
_only.css" type="text/css" />\n    <script type="text/javascript">\n      var D
OCUMENTATION_OPTIONS = {\n        URL_ROOT:    './/',\n        VERSION:     '2.18.1
',\n        COLLAPSE_INDEX: false,\n        FILE_SUFFIX: '.html',\n        HAS_SOU
RCE:  true,\n        SOURCELINK_SUFFIX: '.txt'\n      };\n    </script>\n    <scrip
t type="text/javascript" src="https://media.readthedocs.org/javascript/jquery/jquery-
2.0.3.min.js"></script>\n    <script type="text/javascript" src="https://media.readth
edocs.org/javascript/jquery/jquery-migrate-1.2.1.min.js"></script>\n    <script type
="text/javascript" src="https://media.readthedocs.org/javascript/underscore.js"></scr
ipt>\n    <script type="text/javascript" src="https://media.readthedocs.org/javascrip
t/doctools.js"></script>\n    <script type="text/javascript" src="_static/translation
s.js"></script>\n    <script type="text/javascript" src="https://media.readthedocs.or
g/javascript/readthedocs-doc-embed.js"></script>\n    <link rel="index" title="ç´¢å¼
```

图 2.7　爬取网页的通用代码运行结果

说明：定义的 getHTMLText() 函数是爬取网页的通用代码框架。参数 url 为要爬取的网页地址，raise_for_status() 函数能够判断返回的 Response 类型状态是否为 200，如果是 200，表示服务器链接成功，否则会产生一个 HTTPError 的异常。

2.3　基于 BeautifulSoup 的 Web 数据解析方法

Web 页面中包含有丰富的信息内容，Web 数据解析主要讨论如何提取 Web 页面的信息内容。Web 信息提取的 3 种基本思路是：基于字符串匹配的 Web 信息提取方法、基于 HTML 结构的 Web 信息提取方法、基于统计的 Web 信息提取方法。

本节主要讨论基于 HTML 结构的 Web 信息提取方法。首先，通过 HTML 解析器将 Web 文档解析成 DOM 树；然后，确定要提取的内容在 DOM 树中的位置；最后，通过各种方法定位到该结点，将结点中所包含的内容提取出来。

在 2.2 节中提到了如何向 Web 服务器发出 HTTP 请求，而服务器收到请求后，如果正常响应就会返回相应的 Web 页面对象，Web 页面具有一定的结构，即由 HTML 标签构成的树形结构，接下来就是解析 HTML 网页，获取读者所需的信息。要解析 HTML 网页，就需要了解 HTML 结构。

2.3.1　HTML 结构

HTML 是制作网页内容的一种标签语言。HTML 通过在内容上附加各种标签，在浏览器中展示内容，如图 2.8 所示为百度首页的 HTML 文档结构。

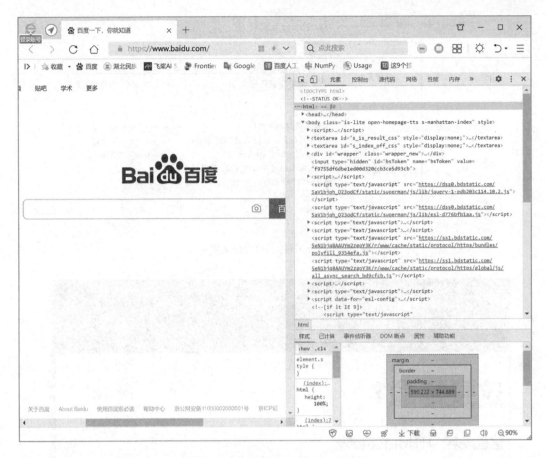

图 2.8　百度首页的 HTML 文档结构

1. HTML 文档结构

一个完整的 HTML 文件包括文件内容（文字、链接等）和 HTML 标签。HTML 标签是由尖括号包围的关键词，通常是成对出现的，书写遵循以下格式：

<标签名>文件内容</标签名>

例如，<b> python </b>，<b>标签定义粗体的文本（即浏览器中显示 Python 字体加粗），标签对中的第一个标签<b>是开始标签，第二个标签</b>是结束标签。

一个简单的完整 HTML 文档结构如图 2.9 所示，图 2.10 则是这个 HTML 文档在浏览器中呈现的效果。

2. HTML 常用标签

HTML 文件由标签和内容组成，根据参考文档可知目前 HTML 中包含总计 158 个标签。其中，HTML 常用标签说明如表 2.4 所示。

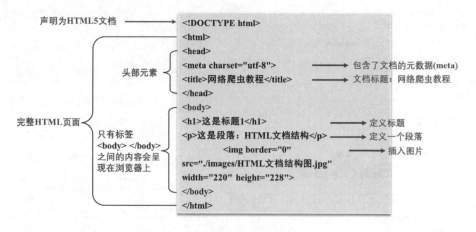

图 2.9　一个完整的 HTML 文档结构

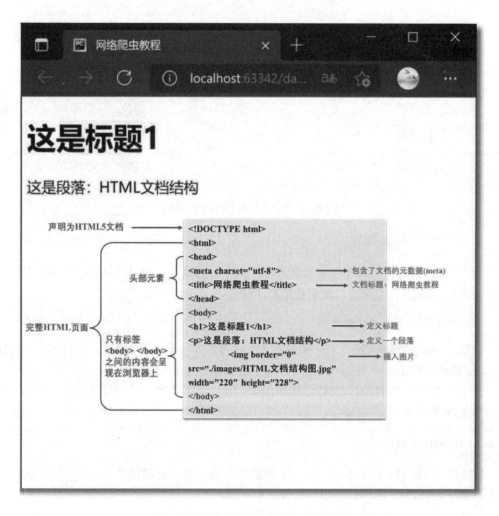

图 2.10　浏览器显示的 HTML 文档效果

表 2.4　HTML 常用标签说明

标签名	说明
<a>	定义锚
<abbr>	定义缩写
<b>	定义粗体字
<body>	定义文档的主体

	定义简单的换行符
<cite>	定义引用（citation）
<caption>	定义表格标题
<div>	定义文档中的节，即一个分隔区块
<em>	定义其中的文本为强调内容
<font>	定义文字的字体、尺寸和颜色。HTML5 不支持，可以使用 CSS 代替
<h1>～<h6>	定义 HTML 标题
<head>	定义关于文档的信息
<html>	定义 HTML 文档
<img>	定义图像
<li>	定义列表的项目
<link>	定义文档与外部资源的关系
<meta>	定义关于 HTML 文档的元信息
<p>	定义段落
<script>	定义客户端脚本
<style>	定义文档的样式信息
<table>	定义表格
<td>	定义表格中的单元
<th>	定义表格中的表头单元格
<time>	定义日期/时间
<title>	定义文档的标题
<tr>	定义表格中的行

3. HTML 元素属性

属性是标签的选项，可以在元素中添加附加信息，一般在开始标签内描述，主要用来修饰标签，如颜色、字体、对齐方式、高度和宽度等。属性总是以名称/值对的形式出现，如 name="value"，<a href="https://www.hbmzu.edu.cn/">这是一个链接</a>。

表 2.5 列出了适用于大多数 HTML 元素的常用属性。

表 2.5　HTML 元素的常用属性

属性	描述
class	为 HTML 元素定义一个或多个类名（classname）
id	定义元素的唯一 id
dir	规定元素中内容的文本方向
style	规定元素的行内样式（inline style）
lang	规定元素中内容的语言代码
title	描述元素的额外信息

查看完整的 HTML 属性列表：HTML 标签参考手册。

4．DOM 树

HTML 是分层的，由标签、属性、数据组成，这些元素整体构成一棵 DOM 树。DOM
树中每个结点都是一个元素，元素可以有自己的属性，也可以包含若干个子元素，如图 2.11
所示。

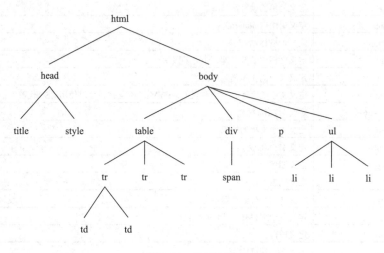

图 2.11　DOM 树

2.3.2　BeautifulSoup 的安装

BeautifulSoup 是 Python 语言中解析 XML/HTML 的第三方库，它会自动检测网页编
码，将文档编码转换为 Unicode，同时为用户提供不同的解析策略。相比正则表达式和 XPath
解析，BeautifulSoup 提供了大量函数来处理导航、搜索、修改分析树等功能，降低了学习
成本。

BeautifulSoup 库的具体安装步骤如下。

1）进入命令提示符界面。

2）输入命令"pip install beautifulsoup4"。

执行安装命令过程如图 2.12 所示。

```
选择Anaconda Prompt (anaconda3)

(base) C:\Users\lxy>pip install beautifulsoup4
Looking in indexes: https://pypi.tuna.tsinghua.edu.cn/simple
Collecting beautifulsoup4
  Using cached https://pypi.tuna.tsinghua.edu.cn/packages/69/bf/f0f194d3379d3f3347478bd
267f754fc68c11cbf2fe302a6ab69447b1417/beautifulsoup4-4.10.0-py3-none-any.whl (97 kB)
Requirement already satisfied: soupsieve>1.2 in c:\users\lxy\anaconda3\lib\site-package
s (from beautifulsoup4) (2.0.1)
Installing collected packages: beautifulsoup4
Successfully installed beautifulsoup4-4.10.0

(base) C:\Users\lxy>
```

图 2.12　BeautifulSoup 库的安装

例 2.3　导入 BeautifulSoup 模块，测试是否安装成功。

```
from bs4 import BeautifulSoup
import requests

r = requests.get('http://cn.python-requests.org/zh_CN/latest/')
demo = r.text
soup = BeautifulSoup(demo, 'html.parser')
print(soup.prettify())
```

如果安装成功，则测试代码运行结果如图 2.13 所示。

```
<!DOCTYPE html PUBLIC "-//W3C//DTD XHTML 1.0 Transitional//EN"
 "http://www.w3.org/TR/xhtml1/DTD/xhtml1-transitional.dtd">
<html lang="zh_CN" xmlns="http://www.w3.org/1999/xhtml">
 <head>
  <meta content="text/html; charset=utf-8" http-equiv="Content-Type"/>
  <title>
   Requests: 让 HTTP 服务人类 — Requests 2.18.1 文档
  </title>
  <link href="_static/alabaster.css" rel="stylesheet" type="text/css"/>
  <link href="_static/pygments.css" rel="stylesheet" type="text/css"/>
  <link href="https://media.readthedocs.org/css/badge_only.css" rel="stylesheet" type
="text/css"/>
  <script type="text/javascript">
   var DOCUMENTATION_OPTIONS = {
    URL_ROOT:          './',
    VERSION:           '2.18.1',
    COLLAPSE_INDEX: false,
    FILE_SUFFIX: '.html',
    HAS_SOURCE:  true,
```

图 2.13　导入 BeautifulSoup 模块测试运行结果

2.3.3　BeautifulSoup 的基本使用方法

1. BeautifulSoup 库的解析器

Web 服务器正常响应 Request 请求时，会返回一个 Response 对象，Response 对象的 text 属性是 URL 对应的页面内容，为了提取页面信息，可使用解析器将其解析为 BeautifulSoup 对象。常见的 BeautifulSoup 解析器如表 2.6 所示。

表 2.6　BeautifulSoup 解析器

解析器	使用方法	条件
bs4 的 HTML 解析器	BeautifulSoup(markup, 'html.parser')	安装 bs4 库
lxml 的 HTML 解析器	BeautifulSoup(markup, 'lxml')	pip install lxml
lxml 的 XML 解析器	BeautifulSoup(markup, 'xml')	pip install lxml
html5lib 的解析器	BeautifulSoup(markup, 'html5lib')	pip install html5lib

注：表中的 markup 为服务器返回的 Response 对象。

例 2.4　BeautifulSoup 库解析器的使用。图 2.14 所示为例 2.3 中服务器响应的原始文本内容，图 2.15 所示为经过 BeautifulSoup 解析器解析的网页结构。

```
demo=r.text                    # 例 2.3 中的服务器返回的 Response 对象的 text
```

```
'<!DOCTYPE html PUBLIC "-//W3C//DTD XHTML 1.0 Transitional//EN"\n   "http://www.w3.or
g/TR/xhtml1/DTD/xhtml1-transitional.dtd">\n\n\n<html xmlns="http://www.w3.org/1999/xh
tml" lang="zh_CN">\n   <head>\n      <meta http-equiv="Content-Type" content="text/html;
charset=utf-8" />\n      <title>Requests: 让 HTTP 服务人类 &#8212; Requests 2.18.
1 文档</title>\n   \n      <link rel="stylesheet" href="_static/alabaster.css" type="t
ext/css" />\n      <link rel="stylesheet" href="_static/pygments.css" type="text/css" /
>\n      <link rel="stylesheet" href="https://media.readthedocs.org/css/badge_only.css"
type="text/css" />\n   \n      <script type="text/javascript">\n          var DOCUMENTATIO
N_OPTIONS = {\n          URL_ROOT:      './/',\n              VERSION:        '2.18.1',\n
COLLAPSE_INDEX: false,\n      FILE_SUFFIX: '.html',\n      HAS_SOURCE:  true,\n
SOURCELINK_SUFFIX: '.txt'\n      };\n      </script>\n      <script type="text/javascri
pt" src="https://media.readthedocs.org/javascript/jquery/jquery-2.0.3.min.js"></scrip
t>\n      <script type="text/javascript" src="https://media.readthedocs.org/javascript/
jquery/jquery-migrate-1.2.1.min.js"></script>\n      <script type="text/javascript" src
="https://media.readthedocs.org/javascript/underscore.js"></script>\n      <script type
="text/javascript" src="https://media.readthedocs.org/javascript/doctools.js"></scrip
t>\n      <script type="text/javascript" src="_static/translations.js"></script>\n      <
script type="text/javascript" src="https://media.readthedocs.org/javascript/readthedo
cs-doc-embed.js"></script>\n      <link rel="index" title="索引" href="genindex.html" /
```

图 2.14   服务器响应的原始文本内容

```
soup = BeautifulSoup(demo, 'html.parser')
print(soup.prettify())           # prettify()格式化输出函数
```

```
<!DOCTYPE html PUBLIC "-//W3C//DTD XHTML 1.0 Transitional//EN"
 "http://www.w3.org/TR/xhtml1/DTD/xhtml1-transitional.dtd">
<html lang="zh_CN" xmlns="http://www.w3.org/1999/xhtml">
 <head>
  <meta content="text/html; charset=utf-8" http-equiv="Content-Type"/>
  <title>
   Requests: 让 HTTP 服务人类 — Requests 2.18.1 文档
  </title>
  <link href="_static/alabaster.css" rel="stylesheet" type="text/css"/>
  <link href="_static/pygments.css" rel="stylesheet" type="text/css"/>
  <link href="https://media.readthedocs.org/css/badge_only.css" rel="stylesheet" type
="text/css"/>
  <script type="text/javascript">
   var DOCUMENTATION_OPTIONS = {
       URL_ROOT:       './',
       VERSION:        '2.18.1',
       COLLAPSE_INDEX: false,
       FILE_SUFFIX: '.html',
       HAS_SOURCE:  true,
```

图 2.15   BeautifulSoup 解析器解析的网页结构

2. BeautifulSoup 对象基本元素类型

BeautifulSoup 解析器将 HTML 文档转换为一个树形结构，每个结点都是 Python 对象，可以归纳为 4 种类型，即 Tag、NavigableString、BeautifulSoup 和 Comment，如表 2.7 所示。

表 2.7   BeautifulSoup 基本元素类型

基本类型	说明	属性
Tag	标签，最基本的信息组织单元	使用\<tag\>.name 获取标签的名字； 使用\<tag\>.attrs 获取标签的属性
NavigableString	包装标签中的非属性字符串	使用\<tag\>.string 获取标签中非属性字符串的内容
BeautifulSoup	一个文档的全部内容，可当作特殊的 Tag	支持遍历文档树和搜索文档树中大部分的方法
Comment	注释及特殊字符串，一种特殊的 NavigableString 类型	—

BeautifulSoup 基本元素类型的示例如图 2.16 所示。

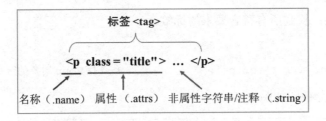

图 2.16　BeautifulSoup 基本元素类型示例

例 2.5　查看 BeautifulSoup 对象的基本信息，soup 为例 2.3 中返回的 BeautifulSoup 对象。

```
print(soup.link.name)              # 查看 link 元素的名称
print(soup.link.attrs)             # 查看 link 元素的属性
print(soup.title.string)           # 查看 title 元素的注释字符串
```

代码运行结果如图 2.17 所示。

```
link
{'rel': ['stylesheet'], 'href': '_static/alabaster.css', 'type': 'text/css'}
Requests: 让 HTTP 服务人类 — Requests 2.18.1 文档
```

图 2.17　查看 BeautifulSoup 对象的基本信息

说明：link 元素的名称为 link；link 元素的属性有 rel、href、type；title 元素的注释文字为 "Requests: 让 HTTP 服务人类 — Requests 2.18.1 文档"。

3．BeautifulSoup 对象解析

BeautifulSoup 对象解析就是提取标签内容，具体方法有 find()、find_all()、select()、select_one()、encode()、get_text()等。具体来说可分为以下两类。

（1）搜索文档树

1）find()：找到第一个符合要求的标签。

例如：

```
soup.find('script')                        # 查找 soup 对象的第一个 script 标签
```

查找结果如图 2.18 所示。

```
<script type="text/javascript">
    var DOCUMENTATION_OPTIONS = {
        URL_ROOT:    './',
        VERSION:     '2.18.1',
        COLLAPSE_INDEX: false,
        FILE_SUFFIX: '.html',
        HAS_SOURCE:  true,
        SOURCELINK_SUFFIX: '.txt'
    };
</script>
```

图 2.18　soup.find('script')的查找结果

2）find_all()：找到所有符合要求的标签。

例如：

```
soup.find_all ('script')                # 查找 soup 对象的所有 script 标签
```

查找结果部分截图如图 2.19 所示。

```
[<script type="text/javascript">
        var DOCUMENTATION_OPTIONS = {
        URL_ROOT:      './',
        VERSION:       '2.18.1',
        COLLAPSE_INDEX: false,
        FILE_SUFFIX: '.html',
        HAS_SOURCE:   true,
        SOURCELINK_SUFFIX: '.txt'
      };
    </script>,
 <script src="https://media.readthedocs.org/javascript/jquery/jquery-2.0.3.min.js" type
="text/javascript"></script>,
 <script src="https://media.readthedocs.org/javascript/jquery/jquery-migrate-1.2.1.min.
js" type="text/javascript"></script>,
 <script src="https://media.readthedocs.org/javascript/underscore.js" type="text/javasc
ript"></script>,
 <script src="https://media.readthedocs.org/javascript/doctools.js" type="text/javascri
pt"></script>,
 <script src="_static/translations.js" type="text/javascript"></script>,
 <script src="https://media.readthedocs.org/javascript/readthedocs-doc-embed.js" type
="text/javascript"></script>,
 <script src="_static/readthedocs-data.js" type="text/javascript"></script>,
 <script type="text/javascript">
 READTHEDOCS_DATA['page'] = 'index'
 READTHEDOCS_DATA['source_suffix'] = '.rst'
 </script>,
 <script src="https://media.readthedocs.org/javascript/readthedocs-analytics.js" type
="text/javascript"></script>,
 <script async="" id="_carbonads_js" src="//cdn.carbonads.com/carbon.js?zoneid=1673&am
p;serve=C6AILKT&amp;placement=pythonrequestsorg" type="text/javascript"></script>,
 <script>!function(d,s,id){var js,fjs=d.getElementsByTagName(s)[0],p=/^http:/.test(d.lo
cation)?'http':'https';if(!d.getElementById(id)){js=d.createElement(s);js.id=id;js.src=
p+'://platform.twitter.com/widgets.js';fjs.parentNode.insertBefore(js,fjs);}}(document,
'script', 'twitter-wjs');</script>,
 <script type="text/javascript">$('#searchbox').show(0);</script>,
 <script type="text/javascript">
```

图 2.19 soup.find_all('script')的查找结果

（2）CSS 选择器

BeautifulSoup 支持大部分的 CSS 选择器，使用 select()方法，允许通过标签名、类名、id 名查找，也可以采用组合查找和子标签查找。在查找时，查找模式是由标签名、类名、id 和子标签组成的。标签名不加修饰，类名前加点，id 名前加"#"，子标签通过">"或空格定义。

通过标签名查找：

```
soup.select('link')                     # 查找 soup 对象的 link 标签
```

soup.select('link')的选择结果如图 2.20 所示。

```
[<link href="_static/alabaster.css" rel="stylesheet" type="text/css"/>,
 <link href="_static/pygments.css" rel="stylesheet" type="text/css"/>,
 <link href="https://media.readthedocs.org/css/badge_only.css" rel="stylesheet" type="t
ext/css"/>,
 <link href="genindex.html" rel="index" title="索引"/>,
 <link href="search.html" rel="search" title="搜索"/>,
 <link href="user/intro.html" rel="next" title="简介"/>,
 <link href="_static/custom.css" rel="stylesheet" type="text/css"/>,
 <link href="http://docs.python-requests.org/zh_CN/latest/" rel="canonical"/>,
 <link href="https://media.readthedocs.org/css/readthedocs-doc-embed.css" rel="styleshe
et" type="text/css"/>]
```

图 2.20　soup.select('link')的选择结果

通过类名查找：

```
soup.select('.document')          # 查找 soup 对象的 .document 类
```

soup.select('.document')的选择结果部分截图如图 2.21 所示。

```
[<div class="document">
 <div class="documentwrapper">
 <div class="bodywrapper">
 <div class="body" role="main">
 <div class="section" id="requests-http">
 <h1>Requests: 让 HTTP 服务人类<a class="headerlink" href="#requests-http" title="永
久链接至标题">¶</a></h1>
 <p>发行版本 v2.18.1. (<a class="reference internal" href="user/install.html#instal
l"><span class="std std-ref">安装说明</span></a>)</p>
 <a class="reference external image-reference" href="https://pypi.python.org/pypi/req
uests"><img alt="https://img.shields.io/pypi/l/requests.svg" src="https://img.shield
s.io/pypi/l/requests.svg"/></a>
 <a class="reference external image-reference" href="https://pypi.python.org/pypi/req
uests"><img alt="https://img.shields.io/pypi/wheel/requests.svg" src="https://img.shi
elds.io/pypi/wheel/requests.svg"/></a>
 <a class="reference external image-reference" href="https://pypi.python.org/pypi/req
uests"><img alt="https://img.shields.io/pypi/pyversions/requests.svg" src="https://im
g.shields.io/pypi/pyversions/requests.svg"/></a>
 <a class="reference external image-reference" href="https://codecov.io/github/reques
```

图 2.21　soup.select('.document')的选择结果部分截图

select()方法返回的结果是 list 类型，通过下标和 text 属性可以得到内容，例如：

```
soup.select('title')             # 获取 title 标签的 list 类型结果
soup.select('title')[0].text     # 获取 title 标签的内容
```

代码运行结果如图 2.22 所示。

```
[<title>Requests: 让 HTTP 服务人类 — Requests 2.18.1 文档</title>]

'Requests: 让 HTTP 服务人类 — Requests 2.18.1 文档'
```

图 2.22　获取标签 title 的内容

2.4　基于 BeautifulSoup 的校园新闻信息的爬取

例 2.6　基于 BeautifulSoup 校园新闻信息的爬取。

该例以湖北民族大学的官网为访问对象，用 Requests 库和 BeautifulSoup 库爬取校园新闻列表的时间、标题、链接、概要内容，并保存在 Excel 表中。

项目流程：requests.get()向服务器发送请求→获取 HTML 内容→BeautifulSoup 用来解析提取数据→保存数据。

具体实现步骤如下。

1. 发送 HTTP 请求

requests.get()向服务器发送请求，这里采用爬取网页的通用代码框架，getHTMLText()函数返回的是 Response.text，即获取 HTML 内容。爬取网页数据代码如下。

```python
import requests
from bs4 import BeautifulSoup


def getHTMLText(url):
    try:
        r = requests.get(url, timeout = 30)
        r.raise_for_status()      # 如果状态不是 200，引发 HTTPError 异常
        r.encoding = r.apparent_encoding
        return r.text
    except:
        return "产生异常"


url = 'https://www.hbmzu.edu.cn/xwzx1/xwzx/xxyw.htm'
res = getHTMLText(url)
```

代码运行结果如图 2.23 所示。

```
'<!DOCTYPE html>\r\n<html lang="en">\r\n\r\n<head>\r\n    <meta http-equiv="Content-Type" content="text/html; charset=UTF-8" />\r\n    <meta http-equiv="X-UA-Compatible" content="IE=Edge,chrome=1">\r\n    <meta name="viewport" content="width=device-width, user-scalable=yes, initial-scale=0.2, maximum-scale=1, minimum-scale=0.2">\r\n    <title>学校要闻-湖北民族大学官网</title><META Name="keywords" Content="湖北民族大学官网" />\r\n\r\n    \r\n    <meta name="description" content="湖北民族大学（www.hbmzu.edu.cn）——官方唯一权威网络媒体！"/>\r\n    <link href="../../res/css/public.css" rel="stylesheet" type="text/css" />\r\n    <link href="../../res/css/core.css" rel="stylesheet" type="text/css" />\r\n    <link href="../../res/css/show.css" rel="stylesheet" type="text/css" />\r\n    <link href="../../res/css/animate.min.css" rel="stylesheet" type="text/css" />\r\n    <link href="../../res/css/myanimation.css" rel="stylesheet" type="text/css" />\r\n    <link href="../../res/css/fa/css/font-awesome.min.css" rel="stylesheet" type="text/css" />\r\n    <link rel="icon" type="image/png" href="../../res/img/md_favicon.ico">\r\n    <script type="text/javascript" src="../../res/js/jquery-1.9.0.min.js"></script>\r\n    <script type="text/javascript" src="../../res/js/modernizr.my.js"></script>\r\n    <script type="text/javascript" src="../../res/js/layer/layer.js"></script>\r\n    <script type="text/javascript" src="../../res/js/jquery.SuperSlide.js"></script>\r\n    <script type="text/javascript" src="../../res/js/wow.min.js"></script>\r\n    <script type="text/javascript" src="../../res/js/my
```

图 2.23　爬取的网页内容部分截图

2. 网页数据解析提取

数据提取的第一步，就是定位到指定的标签。由于要获取的是校园新闻列表的时间、

标题、链接、概要内容，因此从浏览器中打开要访问的网页，借助浏览器中的开发人员工具（按 F12 键）打开页面 HTML 代码，图 2.24 显示了访问网页的页面标签结构。在图形界面中，将鼠标移至要获取的内容区域，代码界面会打开相应的标签，如虚线框中块的标签为 div.news-item，其中实线框中的内容是要获取的网页信息，其标签分别为 time、news-title、news-desc。函数 BeautifulSoup(res, 'html.parser')用于解析网页结构，在新闻网页中有多条新闻，可以用 for 循环逐条读取解析，用 select()函数通过类名（class）定位读取其内容。注意网页中时间分为 day 和 yearmonth 显示，分别读取后合成完整时间。

图 2.24　网页的页面标签结构图

详细代码如下所示，新闻信息的获取结果如图 2.25 所示。

```python
# 解析网页数据
soup = BeautifulSoup(res, 'html.parser')
data = []


for news in soup.select('.news-item'):
    if len(news.select('.news-title'))>0:
        tmp = []
        title = news.select('.news-title')[0].text    # 获取新闻标题
        url = news.select('a')[0]['href']              # 获取新闻链接
        date = news.select('.yearmonth')[0].text.split('\n')
```

```
day = news.select('.day')[0].text.split('\n')
show_time = str(date[0]) + '-' + str(day[0])  # 获取新闻时间
source = news.select('.news-desc')[0].text    # 获取新闻内容
tmp.append([show_time, title, url])
data.append(tmp)


print(show_time, '\t', title, '\t', url)
```

```
2021-09-24   学校党委中心组开展2021年第八次集中学习          ../info/1107/12240.htm
2021-09-24   2021级新生军训动员大会举行      ../info/1107/12239.htm
2021-09-17   中共湖北民族大学第一次代表大会动员部署会议召开          ../info/1107/12220.htm
2021-09-13   学校举行2021级研究生开学典礼暨入学教育       ../info/1107/12208.htm
2021-09-13   中共恩施州委书记胡超文看望慰问我校教师       ../info/1107/12206.htm
2021-09-10   杰普特实验室正式揭牌      ../info/1107/12203.htm
2021-09-10   湖北民族大学举行2021级本科生新生开学典礼      ../info/1107/12202.htm
2021-09-08   桂园飘香，欢迎你来！湖北民族大学2021级本科新生入学报到       ../info/1107/12192.htm
2021-08-26   "开学出彩，全学年精彩！"——学校召开2021年秋季学期开学工作大会        ../info/1107/12160.htm
2021-09-26   我校召开"两项考核"工作推进会       ../info/1107/12248.htm
2021-09-26   省科协党组成员、副主席余军到我校调研       ../info/1106/12244.htm
2021-09-26   湖北民族大学留学生学习党史"不见外"       ../info/1106/12243.htm
2021-09-26   廉洁自律做表率，良好风气塑形象       ../info/1106/12242.htm
2021-09-25   我校举办2021年秋季校园招聘会    ../info/1106/12245.htm
2021-09-24   我校召开"两项考核"工作推进会       ../info/1106/12238.htm
2021-09-24   我校召开2021年党风廉政建设宣教月警示教育会议       ../info/1106/12237.htm
2021-09-22   邓伶俐：潜心用心 亦师亦友    ../info/1106/12236.htm
2021-09-22   2021级新生军训动员大会举行    ../info/1106/12232.htm
2021-09-22   医学部举办88级医学专业校友毕业30周年座谈会暨"仁心卓术"基金资助仪式    ../info/1106/12230.htm
2021-09-22   学校党委中心组开展2021年第八次集中学习       ../info/1106/12231.htm
```

图 2.25 新闻信息获取结果

3. 保存数据

经过解析处理后的数据保存在 data 变量中，将其保存到当前路径下的 news_school.csv 文件中，代码如下。

```
import csv
import os


filename = './news_school.csv'


with open(filename, 'a', encoding = 'utf-8', newline ='') as csvfile:
    write = csv.writer(csvfile)
    for each in data:
        write.writerow(each)
    print('保存完成！')
```

第 3 章　Python 数据分析与展示

数据已经渗透到当今社会的每一个行业领域，并以难以想象的速度膨胀。数据分析与展示结合大数据和时空信息的可视化技术，能够提供一些从数据内容上无法直接或直观获取的认识和发现。Python 第三方工具 NumPy 和 Pandas 提供的各种数据处理方法和工具，可以实现复杂的处理逻辑，广泛应用于金融、统计、数理研究、物理计算、社会科学、工程等领域。Matplotlib 则可以根据用户的要求对数据进行可视化展示。本章主要讨论基于 NumPy、Pandas 和 Matplotlib 的数据分析与展示。

3.1　基于 NumPy 的数据处理方法

NumPy 是使用 Python 进行科学计算的基础软件包。它包括了强大的 n 维数组、比较成熟的函数库、用于整合 C/C++和 Fortran 代码的工具包，以及实用的线性代数、傅里叶变换和随机数生成函数。NumPy 和稀疏矩阵运算包 SciPy 配合使用更加方便，提供了许多方便的数值编程工具，如矩阵数据类型、矢量处理，以及精密的运算库等。

3.1.1　NumPy 安装

Python 官网上的发行版不包含 NumPy 模块。本章按照 NumPy 官网（https://www.numpy.org.cn/）提供的安装方法安装。具体安装步骤如下。

1）进入命令提示符界面。

2）输入命令"pip install numpy"。

执行安装命令过程如图 3.1 所示。

图 3.1　NumPy 安装过程

NumPy 库安装完成后，通过语句"from numpy import *"或者"import numpy as np"导入，如图 3.2 所示。

图 3.2　NumPy 模块导入

3.1.2　NumPy 的数据结构

NumPy 的核心对象是 n 维数组对象 ndarray，别名 array。它是一系列同类型数据的集合，集合中元素的索引以 0 下标开始。在 NumPy 中维度称为轴（axis）。常见的多维数组结构如图 3.3 所示。

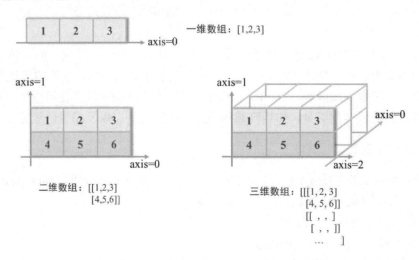

图 3.3　NumPy 数据结构 ndarray

ndarray 对象的构成：实际的数组和描述这些数据的元数据（数据维度、数据类型等），可以通过相应的属性查看 ndarray 对象。NumPy 的数组中比较常见的 ndarray 对象属性如表 3.1 所示。

表 3.1　ndarray 对象属性说明

属性	说明
ndarray.ndim	秩（rank），即数组的轴（维度）的数量
ndarray.shape	数组的维度，n×m 矩阵的 shape 是(n,m)
ndarray.size	数组元素的总数，等于 shape 的元素的乘积
ndarray.dtype	ndarray 对象的数据类型，可使用标准的 Python 类型和 NumPy 类型
ndarray.itemsize	数组中每个元素的字节大小，例如 float64 类型的数组的 itemsize 为 8（64/8），complex32 类型的数组的 itemsize 为 4（32/8）
ndarray.data	该缓冲区包含数组的实际元素，通常不需要使用此属性

NumPy 支持的数据类型有 bool（布尔型）、int8（−128～127 的整数）、int16（−32768～32767 的整数）、int32、int64、uint8（0～255 的无符号整数）、uint16、uint32、uint64、float16（半精度浮点数）、float32、float64 等。

例 3.1 查看 NumPy 数据结构的属性。

```
import numpy as np

a = np.array([[1,2,3,4], [5,6,7,8]])

print("秩: ", a.ndim)
print("维度: ", a.shape)
print("元素个数: ", a.size)
print("元素的类型:", a.dtype)
print("元素的大小（字节）: ", a.itemsize)
```

代码运行结果如图 3.4 所示。

```
秩: 2
维度: (2, 4)
元素个数: 8
元素的类型: int32
元素的大小（字节）: 4
```

图 3.4　NumPy 数据结构的属性查看结果

3.1.3　创建数组

数组（ndarray）对象通过调用 NumPy 库函数创建，有如下 3 种常规机制。

1）从其他 Python 结构（如列表、元组）转换。

2）NumPy 原生数组的创建（如 arange、ones、zeros 等）。

3）使用特殊库函数（如 random）。

常用的创建方法如表 3.2 所示。

表 3.2　数组 ndarray 的创建方法

函数	功能及参数说明	示例
numpy.array(object[,dtype = None, order = None])	从输入的列表或元组中创建数组。 常用参数： ❖ object：输入参数，可以是列表或元组； ❖ dtype：数据类型，可选； ❖ order：可选，有"C"和"F"两个选项，分别代表行优先和列优先，在计算机内存中存储元素的顺序默认行优先	a = np.array([2,3,4]) print(a) b = np.array([(1.5,2,3), (4,5,6)]) print(b) 运行结果： [2 3 4] [[1.5　2.　3.] 　[4.　5.　6.]]

函数	功能及参数说明	示例
numpy.asarray(a[,dtype = None, order = None])	将输入数据转换成 ndarray 类型。 常用参数： ❖ a：任意形式的输入参数，可以是列表、元组、多维数组等； ❖ dtype：数据类型，可选； ❖ order：可选，值为"C"或"F"	x = [1,2,3] a = np.asarray(x) y = (1,2,3) b = np.asarray(y) z = [(1,2,3),(4,5)] c = np.asarray(z) print(a) print(b) print(c) type(c) 运行结果： [1 2 3] [1 2 3] [(1, 2, 3) (4, 5)] numpy.ndarray
numpy.arange([start,] stop[, step][, dtype])	创建数值范围并返回 ndarray 对象。 常用参数： ❖ start：起始值，默认为 0； ❖ stop：终止值（不包含）； ❖ step：步长，默认为 1； ❖ dtype：返回 ndarray 的数据类型，未指定则使用输入数据的类型	x = np.arange(5) y = np.arange(2,10,2) print(x) print(y) 运行结果： [0 1 2 3 4] [2 4 6 8]
numpy.zeros(shape[,dtype, order])	创建一个数值为 0 的数组。 常用参数： ❖ shape：数组维度； ❖ dtype：数据类型，可选； ❖ order：可选，值为"C"或"F"	z = np.zeros((2,3), dtype = float) print(z) 运行结果： [[0. 0. 0.] [0. 0. 0.]]
numpy.ones(shape[,dtype, order])	创建一个数值为 1 的数组。 常用参数： ❖ shape：数组维度； ❖ dtype：数据类型，可选； ❖ order：可选，值为"C"或"F"	z = np.ones((3,3), dtype = float) print(z) 运行结果： [[1. 1. 1.] [1. 1. 1.] [1. 1. 1.]]
numpy.empty(shape[,dtype, order])	创建一个指定形状、数据类型且未初始化的数组。 常用参数： ❖ shape：数组维度； ❖ dtype：数据类型，可选； ❖ order：可选，值为"C"或"F"	x = np.empty([3,2], dtype = int) print(x) 运行结果： [[1949927952 432] [0 0] [1 840968992]]
numpy.linspace(start, stop [, num, endpoint, dtype, …])	创建一个等差数列构成的一维数组。 常用参数： ❖ start：序列的起始值； ❖ stop：序列的终止值，如果 endpoint 为 true，该值包含于数列中； ❖ num：要生成的等步长的样本数量，默认为 50； ❖ dtype：ndarray 的数据类型	a = np.linspace(1,10,10) print(a) b = np.linspace(1,10,5) print(b) 运行结果： [1. 2. 3. 4. 5. 6. 7. 8. 9.10.] [1. 3.25 5.5 7.75 10.]

续表

函数	功能及参数说明	示例
numpy.random.random(n)	创建一个(0~1)之间的随机数组。 常用参数： ❖ n：数组的长度	a = np.random.random(4) print(a) 运行结果： [0.74588435　0.80949972 0.02628985　0.74599788]
numpy.random.randn(n)	创建一个标准正态分布随机数组。 常用参数： ❖ n：数组的长度	b = np.random.randn(4) print(b) 运行结果： [-0.73668276　0.83915218 0.74618443　1.42932512]

注意：使用 np.arange()函数创建的数组默认是 int32 类型，另外几种方法默认是 float 类型。

3.1.4　数据输入/输出

通常大数据分析都是数据集提供原始分析数据，NumPy 可以读写磁盘上的文本数据或二进制数据。NumPy 为 ndarray 对象引入了一个简单的文件格式.npy，用于存储重建 ndarray 所需的数据、图形、dtype 和其他信息。

常用的输入/输出（I/O）函数如表 3.3 所示。

表 3.3　常用的数据输入/输出（I/O）函数

函数	功能及参数说明
numpy.save(file, arr, allow_pickle=True)	功能：将数组保存到以.npy 为扩展名的文件中。 参数说明： file：保存的目标文件，扩展名为.npy； arr：要保存的数组； allow_pickle：可选，布尔值，允许使用 Python pickles 保存对象数组
numpy.savez(file, *args, **kwds)	功能：将多个数组保存到以.npz 为扩展名的文件中。 参数说明： file：保存的目标文件，扩展名为.npz； *args：要保存的数组； **kwds：为要保存的数组取名
numpy.loadtxt(FILENAME, dtype=int, delimiter=' ')	功能：从文本文件中获取数据。 参数说明： FILENAME：将获取数据的文本文件； dtype：数据类型，默认值为整型； delimiter：指定的分隔符
numpy.savetxt(FILENAME, a, fmt, delimiter)	功能：将数组存储为文本文件格式。 参数说明： FILENAME：要保存的目标文件； a：要保存的数组； fmt：数据保存格式； delimiter：指定数据存储的分隔符等

例 3.2 读入文件 example.txt 中的内容。

```
import numpy as np

table = np.loadtxt('example.txt',
                   delimiter=' ',
                   dtype = [('ID','S4'),('Result','f4'),('Type', 'i2')])
```

example.txt 中的内容如图 3.5 所示。

图 3.5　example.txt 中的内容

代码运行结果如图 3.6 所示。

```
array([(b'XR21', 32.789, 1), (b'XR22', 33.091, 2)],
      dtype=[('ID', 'S4'), ('Result', '<f4'), ('Type', '<i2')])
```

图 3.6　读取 example.txt 赋给 table 的运行结果

注意： 如果文件各列数据类型不一样，则需要指明数据类型，如代码第 5 行，第 1 列是 string 型 S4，第 2 列是 float 型 f4，第 3 列是 int 型 i2。如果文本数据为 ASCII 格式，使用 Asciitable 包读写会更加高效。

3.1.5　数组的索引与变换

1. ndarray 数组的索引和切片

ndarray 对象的内容可以通过索引或切片来访问和修改，使用 "[ ]" 选定索引，数组中索引从 0 开始计数，如 a[2]表示返回数组 a 中与索引 2 相对应的单个元素；切片操作采用 ":" 分隔切片参数 start:stop:step 来完成，如 a[2:]表示提取从索引 2 开始以后的所有项，a[2:5]则提取索引 2 到索引 5（不包括停止索引 5）的项；用 "," 表示不同维度，如 a[2,3]表示访问数组 a 的第 3 行第 4 列的元素。

例 3.3　一维数组的索引和切片。

```
import numpy as np

a = np.arange(10)**3

print("数组 a:        ", a)
print("a[2]:         ", a[2])      # 访问数组 a 中索引为 2 的元素
print("a[2:5]:       ", a[2:5])    # 访问数组 a 中索引 2 到索引 5（不包括 5）的元素

a[:6:2] = -1000

print("数组 a:        ", a)
print("a[ : :-1 ]: ", a[ : :-1])
```

代码运行结果如图 3.7 所示。

```
数组 a:      [  0    1    8   27   64  125  216  343  512  729]
a[2]:        8
a[2:5]:      [ 8 27 64]
数组 a:      [-1000     1 -1000    27 -1000   125   216   343   512   729]
a[ : :-1 ]: [  729   512   343   216   125 -1000    27 -1000     1 -1000]
```

图 3.7　一维数组的索引和切片的运行结果

说明：代码 a[: 6 : 2]的访问范围是从数组第一个元素到索引 6（不包括索引 6），取值间隔为 2，访问的数据为 a[0]、a[2]、a[4]。

例 3.4　多维数组的索引与切片。

```
import numpy as np

a = np.array([[1,2,3],[3,4,5],[4,5,6]])

print("数组 a: ")
print(a)
print('从数组索引 a[1:] 处开始切片：')
print(a[1:])
print("第 2 列元素:",a[ :,1])      # 访问数组 a 的第 2 列元素
print("第 2 行元素:",a[1,: ])      # 访问数组 a 的第 2 行元素
print("第 2 列开始的所有元素:")
print(a[:,1:])                      # 访问数组 a 中第 2 列开始的所有元素
```

代码运行结果如图 3.8 所示。

```
数组a:
[[1 2 3]
 [3 4 5]
 [4 5 6]]
从数组索引 a[1:] 处开始切片：
[[3 4 5]
 [4 5 6]]
第2列元素: [2 4 5]
第2行元素: [3 4 5]
第2列开始的所有元素:
[[2 3]
 [4 5]
 [5 6]]
```

图 3.8　多维数组的索引与切片

2. ndarray 数组的维度变换

一个数组的形状是由每个轴的元素数量决定的，可以使用各种命令更改数组的形状。常见数组的维度变换函数如表 3.4 所示。

表 3.4　常见数组的维度变换函数

函数	功能说明
numpy.reshape(shape)	不改变数组元素，返回一个 shape 形状的数组，不修改原数组
numpy.resize(shape)	与 reshape()函数功能一致，但修改原数组
numpy.flatten(array)	数组进行降维，平选展开为一维数组，原数组不变

例 3.5　数组维度变换。

```python
import numpy as np

a = np.floor(10*np.random.random((3,4)))
print("数组 a: ")
print(a)
print("数组 a 的维度：", a.shape)

print("将数组 a 降维展平为一维数组 b: ")
b = a.flatten()
print(b)
print("修改数组 b 维度：")
print(b.reshape(6,2))
```

代码运行结果如图 3.9 所示。

注意：如果在 reshape 操作中将 size 指定为−1，如 reshape(−1,2)，则会根据列的数值自动计算其他的 size 大小。

```
数组a:
[[2. 7. 6. 3.]
 [6. 4. 7. 0.]
 [4. 2. 5. 8.]]
数组a的维度: (3, 4)
将数组a降维展平为一维数组b:
[2. 7. 6. 3. 6. 4. 7. 0. 4. 2. 5. 8.]
修改数组b维度:
[[2. 7.]
 [6. 3.]
 [6. 4.]
 [7. 0.]
 [4. 2.]
 [5. 8.]]
```

图 3.9　数组维度变换结果

3. ndarray 数组的排序

NumPy 提供了多种排序的方法。常见的排序函数如表 3.5 所示。

表 3.5　常见的排序函数

函数	参数说明	函数返回值
numpy.sort(array, axis, kind, order)	array：要排序的数组； axis：数组排序的轴，axis=0 表示按列排序，axis=1 表示按行排序； kind：默认为'quicksort'（快速排序）； order：如果数组包含字段，则是要排序的字段	返回输入数组的排序副本
numpy.argsort(array)	array：要排序的数组	返回数组值从小到大的索引值

例 3.6　数组的排序。

```
import numpy as np

dt = np.dtype([('name', 'S10'),('age', int)])
a = np.array([("raju",21),("anil",25),("ravi", 17), ("amar",27)],
dtype = dt)
print('原数组：')
print(a)
print('按 name 排序：')
print(np.sort(a, order = 'name'))
print('\n')
x = np.array([3, 1, 2])
print('原数组：')
print(x)
print('调用 argsort() 排序：')
y = np.argsort(x)
print(y)
print('以排序后的顺序重构原数组：')
```

```
print(x[y])
print('\n')
```

代码运行结果如图 3.10 所示。

```
原数组:
[(b'raju', 21) (b'anil', 25) (b'ravi', 17) (b'amar', 27)]
按 name 排序:
[(b'amar', 27) (b'anil', 25) (b'raju', 21) (b'ravi', 17)]


原数组:
[3 1 2]
调用 argsort() 排序:
[1 2 0]
以排序后的顺序重构原数组:
[1 2 3]
```

图 3.10　数组的排序运行结果

说明：argsort()函数的返回值是索引，y = [1 2 0]是排序后数组元素的索引顺序，实际数组顺序是 x[1]，x[2]，x[0]。

3.1.6　利用 NumPy 进行统计分析

NumPy 提供了很多用于统计分析的函数，如计算数组中查找最小值、最大值、百分位标准差和方差等。表 3.6 列出了 NumPy 常用的统计分析函数。

表 3.6　NumPy 常用的统计分析函数

函数	说明
numpy.amin(array, axis)	用于计算数组中的元素沿指定轴的最小值
numpy.amax(array, axis)	用于计算数组中的元素沿指定轴的最大值
numpy.ptp(array,axis)	计算数组中元素最大值与最小值的差，如果指定 axis，则按指定方向计算
numpy.mean(array, axis)	函数返回数组中元素的算术平均值，如果指定 axis，则沿其计算
numpy.average(array)	函数根据相应的权重数组计算数组中元素的加权平均值
numpy.sum(array, axis)	用于计算数组中的元素沿指定轴的数值总和

例 3.7　统计函数使用示例。

```
import numpy as np

a = np.array([[3,7,5], [8,4,3], [2,4,9]])
print('数组 a: ')
print(a)
print('\n')
print('按行计算:')
print('aMin = ', np.amin(a, 1))
```

```
print('aMax = ', np.amax(a, 1))
print('Sum = ', np.sum(a, 1))
print('\n')
print('按列计算：')
print('aMin = ', np.amin(a, 0))
print('aMax = ', np.amax(a, axis = 0))
print('Sum = ', np.sum(a, 0))
print('\n')
print('不指定 axis：')
print('aMin = ', np.amin(a))
print('aMax = ', np.amax(a))
print('Sum = ', np.sum(a))
```

代码运行结果如图 3.11 所示。

```
数组a:
[[3 7 5]
 [8 4 3]
 [2 4 9]]

按行计算:
aMin =  [3 3 2]
aMax =  [7 8 9]
Sum =  [15 15 15]

按列计算:
aMin =  [2 4 3]
aMax =  [8 7 9]
Sum =  [13 15 17]

不指定axis:
aMin =  2
aMax =  9
Sum =  45
```

图 3.11　统计函数示例运行结果

3.2　基于 Pandas 的大数据处理方法

Pandas 基于 NumPy、SciPy 补充了大量数据操作功能，能实现统计、分组、排序、透视表，可以代替 Excel 的绝大部分功能。

3.2.1　Pandas 库的安装

安装 Pandas 需要的基础环境是 Python。使用 pip 安装 Pandas 的步骤如下。

1）进入命令提示符界面。

2）输入命令"pip install pandas"。

执行安装命令过程如图 3.12 所示。

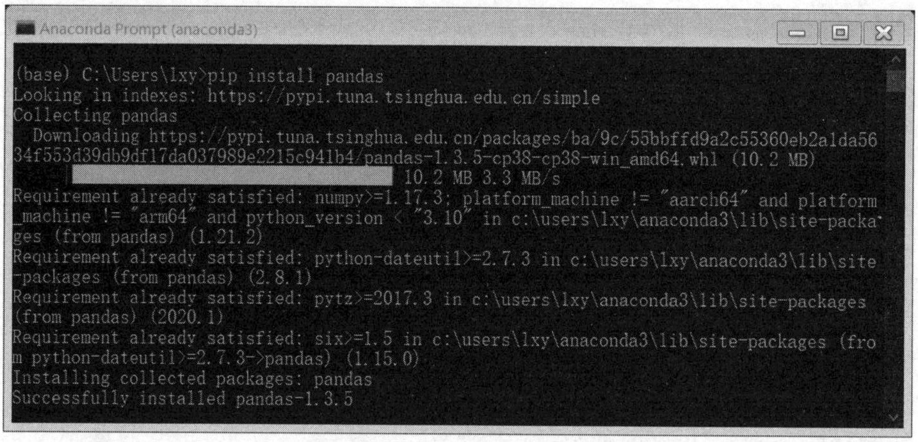

图 3.12　Pandas 安装过程

Pandas 库安装完成后，通过语句"import pandas as pd"导入，如图 3.13 所示。

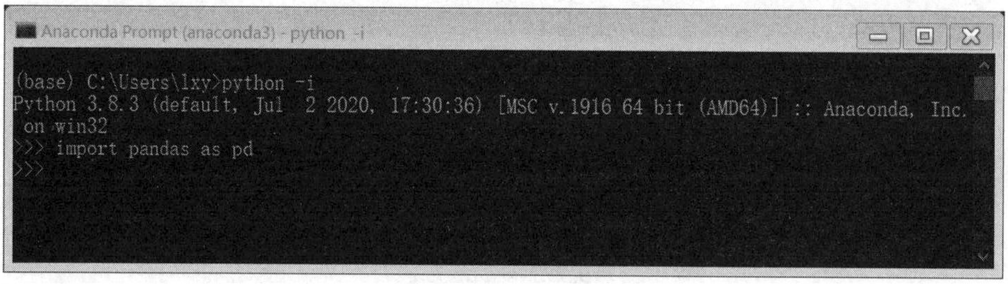

图 3.13　Pandas 模块导入

3.2.2　Pandas 的基本数据结构

Pandas 主要有两种重要数据结构框架：Series、DataFrame（一维序列、二维表）。Pandas 将读取到的数据加载到这两种框架，然后对数据进行处理，这是对数据的一种高级抽象。

Series 是一维数据结构，它由一组数据以及一组与之相关的数据标签（即索引）组成。其逻辑结构如图 3.14 所示，各国的 GDP 就是一个典型的 Series，国家是索引，具有解释数据的作用。

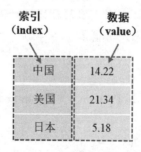

图 3.14　Series 逻辑结构

创建一个 Series 实例，可以使用 pandas.Series()函数。

函数原型：

```
pandas.Series(data, index, dtype, name, copy)
```

参数说明：

❖　data：一组数据，可以是整型、字符型、浮点数、Python objects 等。

❖　index：数据索引标签，如果不指定，默认从 0 开始。

❖　dtype：数据类型，默认会自己判断。

❖　name：设置名称。

❖　copy：复制数据，默认为 False。

例 3.8　创建 Series 数据实例。

```
import pandas as pd

gdp = pd.Series([14.22, 21.34, 5.18], index = [u'中国',u'美国',u'日本'])
```

代码运行结果如图 3.15 所示。

```
中国     14.22
美国     21.34
日本      5.18
dtype: float64
```

图 3.15　创建一个 Series 数据实例的运行结果

DataFrame 是 Pandas 定义的一个二维数据结构，是一个表格型的数据结构，它含有一组有序的列，每列可以是不同的值类型（数值、字符串、布尔型值）。DataFrame 既有行索引，也有列索引，它可以被看作 Series 的有序集合。其逻辑结构如图 3.16 所示。

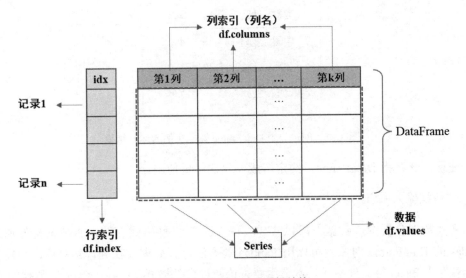

图 3.16　DataFrame 逻辑结构

横向的称为行（row），每一行代表一条数据记录；纵向的称作列（column），或者一个字段，是数据的某个特征值；第一行是列名，或者叫字段名；第一列是索引（index）。

创建一个 DataFrame 实例，可以使用 pandas.DataFrame()函数。

函数原型：

```
pandas.DataFrame(data, index, columns, dtype, copy)
```

参数说明：

❖ data：一组数据（ndarray、series、map、lists、dict 等类型）。
❖ index：索引，或者可以称为行标签。如果没有指定会自动生成 RangeIndex(0, 1, 2, ···, n)。
❖ columns：列标签，默认为 RangeIndex(0, 1, 2, ···, n)。
❖ dtype：数据类型。
❖ copy：复制数据，默认为 False。

例 3.9 创建 DataFrame 数据实例。

```
import pandas as pd

df = pd.DataFrame({'国家': ['中国', '美国', '日本'],
                   '地区': ['亚洲', '北美', '亚洲'],
                   '人口': [14.33, 3.29, 1.26],
                   'GDP': [14.22, 21.34, 5.18],
                   })
```

代码运行结果如图 3.17 所示。

	国家	地区	人口	GDP
0	中国	亚洲	14.33	14.22
1	美国	北美	3.29	21.34
2	日本	亚洲	1.26	5.18

图 3.17 创建一个 DataFrame 数据实例的运行结果

注意：df 是指 DataFrame，约定俗成，建议尽量使用。

3.2.3 数据输入/输出

在大数据分析中，数据一般以 CSV、Excel 等文件格式存储，将数据文件加载到 Pandas 的 DataFrame 对象就可以用 Pandas 的方法进行处理。在处理结束后，也需要将数据保存为 Excel 等文件格式。本节主要讨论两种文件格式（CSV、Excel）数据的输入/

输出。表 3.7 列出了常见的数据输入/输出方法。

表 3.7 常见的数据输入/输出方法

函数	核心参数说明	功能
pandas.read_csv(filepath_or_buffer, sep=',', delimiter=None, header='infer', …)	filepath_or_buffer：读取的文件路径； sep：指定分隔符。默认使用逗号分隔； delimiter：分隔符的另一个名字，与 sep 功能相似； header：指定行数用来作为列名	读取 CSV 文件
pandas.to_csv(path_or_buffer, …)	path_or_buffer：写入的文件路径	写入 CSV 文件
pandas.read_excel(filepath_or_buffer, header='infer', …)	filepath_or_buffer：读取的文件路径； header：指定行数用来作为列名	读取 Excel 文件
pandas.to_excel(path_or_buffer, …)	path_or_buffer：写入的文件路径	写入 Excel 文件

例 3.10 在当前路径下有 data.csv 文件，读取数据到 DataFrame 对象并写入 data_2.csv。

```
import pandas as pd
import numpy as np

df = pd.read_csv('data.csv', sep=',', header=0)
df.to_csv('data_2.csv', sep='\t', index=True)
```

代码运行结果如图 3.18 所示。

	name	team	Q1	Q2	Q3	Q4
0	Liver	E	89	21	24	64
1	Arry	C	36	37	37	57
2	Ack	A	57	60	18	84
3	Eorge	C	93	96	71	78
4	Oah	D	65	49	61	86
...	...	...	...	...	...	...
95	Gabriel	C	48	59	87	74
96	Austin7	C	21	31	30	43
97	Lincoln4	C	98	93	1	20
98	Eli	E	11	74	58	91
99	Ben	E	21	43	41	74

100 rows × 6 columns

图 3.18 读取 CSV 文件写入 DataFrame 对象的运行结果

其中，数据写入 data_2.csv，以制表符 Tab 为分隔符，并保留表头。图 3.19 展示了源文件及保存后的 data_2.csv 文件。

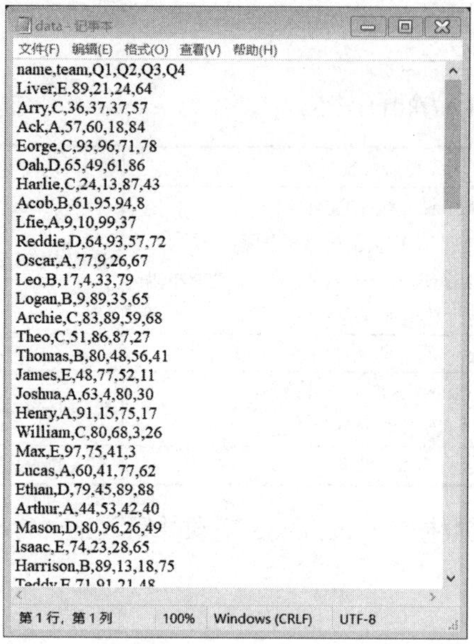

```
name,team,Q1,Q2,Q3,Q4
Liver,E,89,21,24,64
Arry,C,36,37,37,57
Ack,A,57,60,18,84
Eorge,C,93,96,71,78
Oah,D,65,49,61,86
Harlie,C,24,13,87,43
Acob,B,61,95,94,8
Lfie,A,9,10,99,37
Reddie,D,64,93,57,72
Oscar,A,77,9,26,67
Leo,B,17,4,33,79
Logan,B,9,89,35,65
Archie,C,83,89,59,68
Theo,C,51,86,87,27
Thomas,B,80,48,56,41
James,E,48,77,52,11
Joshua,A,63,4,80,30
Henry,A,91,15,75,17
William,C,80,68,3,26
Max,E,97,75,41,3
Lucas,A,60,41,77,62
Ethan,D,79,45,89,88
Arthur,A,44,53,42,40
Mason,D,80,96,26,49
Isaac,E,74,23,28,65
Harrison,B,89,13,18,75
```

（a）源文件 data.csv

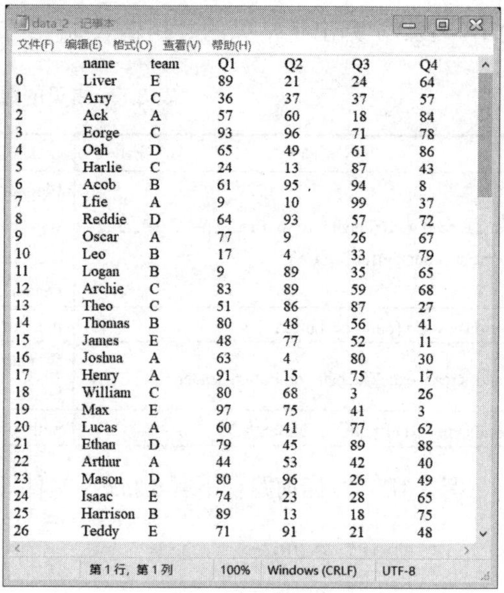

	name	team	Q1	Q2	Q3	Q4
0	Liver	E	89	21	24	64
1	Arry	C	36	37	37	57
2	Ack	A	57	60	18	84
3	Eorge	C	93	96	71	78
4	Oah	D	65	49	61	86
5	Harlie	C	24	13	87	43
6	Acob	B	61	95	94	8
7	Lfie	A	9	10	99	37
8	Reddie	D	64	93	57	72
9	Oscar	A	77	9	26	67
10	Leo	B	17	4	33	79
11	Logan	B	9	89	35	65
12	Archie	C	83	89	59	68
13	Theo	C	51	86	87	27
14	Thomas	B	80	48	56	41
15	James	E	48	77	52	11
16	Joshua	A	63	4	80	30
17	Henry	A	91	15	75	17
18	William	C	80	68	3	26
19	Max	E	97	75	41	3
20	Lucas	A	60	41	77	62
21	Ethan	D	79	45	89	88
22	Arthur	A	44	53	42	40
23	Mason	D	80	96	26	49
24	Isaac	E	74	23	28	65
25	Harrison	B	89	13	18	75
26	Teddy	E	71	91	21	48

（b）data_2.csv

图 3.19　生成的 data_2.csv 文件

例 3.11　读取写入 Excel 文件。

```
import pandas as pd
import numpy as np

df = pd.read_excel('data_excel.xlsx')
df.to_excel('data_excel_2.xlsx', sheet_name='score')
```

代码运行结果如图 3.20 所示。

	name	team	Q1	Q2	Q3	Q4
0	Liver	E	89	21	24	64
1	Arry	C	36	37	37	57
2	Ack	A	57	60	18	84
3	Eorge	C	93	96	71	78
4	Oah	D	65	49	61	86
...	...	...	...	...	...	...
95	Gabriel	C	48	59	87	74
96	Austin7	C	21	31	30	43
97	Lincoln4	C	98	93	1	20
98	Eli	E	11	74	58	91
99	Ben	E	21	43	41	74

100 rows × 6 columns

图 3.20　读取 Excel 文件的运行结果

其中，数据只显示了前后 5 条，自动隐藏了中间部分，最底部显示了行数和列数；写入 Excel 文件时，给工作表命名为 score。

3.2.4 数据探索

由于来源的复杂性、不确定性，数据中难免会存在字段值不全、缺失等情况。读入数据之后，需要验证数据是否加载正确、数据大小是否正常。表 3.8 是数据查看的常用方法。

表 3.8 数据查看的常用方法

语法	说明
DataFrame.shape()	查看行数和列数
DataFrame.info()	查看索引、数据类型和内存信息
DataFrame.describe()	查看数值型列的汇总统计（各字段的总数、平均数、标准差、最大值、最小值和四分位数）
DataFrame.dtypes()	查看各字段类型
DataFrame.axes()	显示数据行名和列名
DataFrame.columns()	显示列名
DataFrame.isnull()	判断每个元素是否为缺失值
DataFrame.notnull()	判断每个元素是否为非缺失值
DataFrame.fillna()	缺失值填充
DataFrame.dropna()	删除缺失值所在行列
DataFrame.head(n)	查看 DataFrame 对象的前 n 行
DataFrame.tail(n)	查看 DataFrame 对象的最后 n 行
DataFrame.sample(n)	查看随机 n 个样本
DataFrame.index()	查看索引内容

例 3.12 数据信息查看，df 为例 3.11 中生成的 DataFrame 对象。

```
df.info()                    # 查看 DataFrame 对象的索引、数据类型和内存信息
```

查看结果如图 3.21 所示。

```
<class 'pandas.core.frame.DataFrame'>
RangeIndex: 100 entries, 0 to 99
Data columns (total 6 columns):
 #   Column  Non-Null Count  Dtype
---  ------  --------------  -----
 0   name    100 non-null    object
 1   team    100 non-null    object
 2   Q1      100 non-null    int64
 3   Q2      100 non-null    int64
 4   Q3      100 non-null    int64
 5   Q4      100 non-null    int64
dtypes: int64(4), object(2)
memory usage: 4.8+ KB
```

图 3.21 DataFrame 对象的索引、数据类型和内存信息

```
df.describe()                # 查看数值型列的汇总统计
```

查看结果如图 3.22 所示。

	Q1	Q2	Q3	Q4
count	100.000000	100.000000	100.000000	100.000000
mean	49.200000	52.550000	52.670000	52.780000
std	29.962603	29.845181	26.543677	27.818524
min	1.000000	1.000000	1.000000	2.000000
25%	19.500000	26.750000	29.500000	29.500000
50%	51.500000	49.500000	55.000000	53.000000
75%	74.250000	77.750000	76.250000	75.250000
max	98.000000	99.000000	99.000000	99.000000

图 3.22　DataFrame 对象的数值型列的汇总统计信息

```
df.dtypes                          # 查看每列的数据类型
```

查看结果如图 3.23 所示。

```
name      object
team      object
Q1         int64
Q2         int64
Q3         int64
Q4         int64
dtype: object
```

图 3.23　DataFrame 对象 df 每列的数据类型

```
df.index                           # 查看 DataFrame 对象 df 的索引内容
```

查看结果如图 3.24 所示。

```
Index(['Liver', 'Arry', 'Ack', 'Eorge', 'Oah', 'Harlie', 'Acob', 'Lfie',
       'Reddie', 'Oscar', 'Leo', 'Logan', 'Archie', 'Theo', 'Thomas', 'James',
       'Joshua', 'Henry', 'William', 'Max', 'Lucas', 'Ethan', 'Arthur',
       'Mason', 'Isaac', 'Harrison', 'Teddy', 'Finley', 'Daniel', 'Riley',
       'Edward', 'Joseph', 'Alexander', 'Adam', 'Reggie1', 'Samuel', 'Jaxon',
       'Sebastian', 'Elijah', 'Harley', 'Toby', 'Arlo8', 'Dylan', 'Jude',
       'Benjamin', 'Rory9', 'Tommy', 'Jake3', 'Louie', 'Carter7', 'Jenson',
       'Hugo0', 'Bobby1', 'Frankie', 'Ollie3', 'Zachary', 'David', 'Albie1',
       'Lewis', 'Luca', 'Ronnie', 'Jackson5', 'Matthew', 'Alex', 'Harvey2',
       'Reuben', 'Jayden6', 'Caleb', 'Hunter3', 'Theodore3', 'Nathan', 'Blake',
       'Luke6', 'Elliot', 'Roman', 'Stanley', 'Dexter', 'Michael', 'Elliott',
       'Tyler', 'Ryan', 'Ellis', 'Finn', 'Albert0', 'Kai', 'Liam', 'Calum',
       'Louis2', 'Aaron', 'Ezra', 'Leon', 'Connor', 'Grayson7', 'Jamie0',
       'Aiden', 'Gabriel', 'Austin7', 'Lincoln4', 'Eli', 'Ben'],
      dtype='object', name='name')
```

图 3.24　DataFrame 对象 df 的索引内容

```
df.sample(3)                       # 查看 DataFrame 对象 df 的 3 个随机样本
```

查看结果如图 3.25 所示。

name	team	Q1	Q2	Q3	Q4
Alexander	C	91	76	26	79
Hugo0	A	28	25	14	71
Reuben	D	70	72	76	56

图 3.25　DataFrame 对象 df 的 3 个随机样本信息

3.2.5　数据索引

DataFrame 中行索引是数据的索引，列索引指向的是一个 Series，建立索引让数据更加直观明确，方便数据处理。建立索引有以下两种方法。

1）加载数据生成 DataFrame 时指定索引。

```
df = pd.read_excel(data, index_col='name')       # 设置行索引为name
```

2）使用 df.set_index() 函数指定。

```
df.set_index('name', inplace=True)               # 建立行索引并生效
```

建立索引前后的结构对比如图 3.26 所示，df 为例 3.11 中生成的 DataFrame 对象。

	name	team	Q1	Q2	Q3	Q4
0	Liver	E	89	21	24	64
1	Arry	C	36	37	37	57
2	Ack	A	57	60	18	84
3	Eorge	C	93	96	71	78
4	Oah	D	65	49	61	86
...	...	...	...	...	...	...
95	Gabriel	C	48	59	87	74
96	Austin7	C	21	31	30	43
97	Lincoln4	C	98	93	1	20
98	Eli	E	11	74	58	91
99	Ben	E	21	43	41	74

100 rows × 6 columns

name	team	Q1	Q2	Q3	Q4
Liver	E	89	21	24	64
Arry	C	36	37	37	57
Ack	A	57	60	18	84
Eorge	C	93	96	71	78
Oah	D	65	49	61	86
...	...	...	...	...	...
Gabriel	C	48	59	87	74
Austin7	C	21	31	30	43
Lincoln4	C	98	93	1	20
Eli	E	11	74	58	91
Ben	E	21	43	41	74

100 rows × 5 columns

（a）建立索引前的结构　　　　　　　　　　（b）建立索引后的结构

图 3.26　建立索引前后的结构对比

3.2.6 数据选取

Pandas 数据对象的选取类似于 NumPy 的选取方法，也可以通过索引或切片来访问和修改，"[ ]"表示选定下标，":"表示分隔切片。表 3.9 是数据选取的常用方法。

表 3.9 数据选取的常用方法

语法	操作	说明
DataFrame[col]	选择行列	可以选择单列，也可以用切片选择多行
DataFrame.loc[label]	按标签选择	用标签可提取单行数据、多列数据，也可以切片选择数据区域
DataFrame.iloc[loc]	按位置选择	可以用整数位置选择、整数切片选择，也可以用整数列表按位置切片
DataFrame [bool_vec]	用表达式筛选行	选择满足表达式条件的值

例 3.13 选择单列数据，df 为例 3.11 中生成的 DataFrame 对象。

```
# 通过列名选择单列
df['Q1'].head()              # 查看 df 对象 Q1 列的前 5 行数据
df.Q1.head()                 # 和前一条命令功能相同
```

选择单列数据结果如图 3.27 所示。

```
name
Liver    89
Arry     36
Ack      57
Eorge    93
Oah      65
Name: Q1, dtype: int64
```

图 3.27 选择单列数据结果

其中，代码第 2 行和第 3 行是两种不同访问方式，但功能一样；head()函数显示前 5 行数据。

例 3.14 选择多列数据，df 为例 3.11 中生成的 DataFrame 对象。

```
# 选择多列
df[['team', 'Q1']].tail()         # 查看 df 对象 team 和 Q1 列的后 5 行数据
df.loc[ : , ['team', 'Q1']].tail()
```

选择多列数据结果如图 3.28 所示。

其中，代码第 2 行和第 3 行是两种不同访问方式，但功能一样；loc[x, y] 是数据选择函数，x 和 y 分别代表行和列，支持条件表达式，也支持类似列表的切片操作。loc[: , ['team', 'Q1']]表示选择 team 和 Q1 列的所有数据。

图 3.28　选择多列数据结果

例 3.15　按行选择数据，df 为例 3.11 中生成的 DataFrame 对象。

```
df[0:3]                          # 选择 df 对象的前 3 行数据
```

按行选择数据结果如图 3.29 所示。

例 3.16　选择指定行列的数据，df 为例 3.11 中生成的 DataFrame 对象。

```
df.loc['Eorge': 'Oscar', 'Q2':'Q4']   # 选取指定行、列区间的数据
```

选择指定行列数据的结果如图 3.30 所示。

图 3.29　按行选择数据结果

图 3.30　选择指定行列数据的结果

例 3.17　按单一条件选择数据，df 为例 3.11 中生成的 DataFrame 对象。

```
df[df.Q1 > 90]                   # 选取 df 对象 Q1 列中数据值大于 90 的数据记录
df[df.team == 'C']               # 选取 team=C 的所有成员数据记录
```

按单一条件选择数据结果如图 3.31 所示。

name	team	Q1	Q2	Q3	Q4
Eorge	C	93	96	71	78
Henry	A	91	15	75	17
Max	E	97	75	41	3
Alexander	C	91	76	26	79
Elijah	B	97	89	15	46
Ryan	E	92	70	64	31
Aaron	A	96	75	55	8
Lincoln4	C	98	93	1	20

name	team	Q1	Q2	Q3	Q4
Arry	C	36	37	37	57
Eorge	C	93	96	71	78
Harlie	C	24	13	87	43
Archie	C	83	89	59	68
Theo	C	51	86	87	27
William	C	80	68	3	26
Daniel	C	50	50	72	61
Alexander	C	91	76	26	79

（a）Q1 列中数据值大于 90 的数据记录　　　　（b）team=C 的所有数据记录部分截图

图 3.31　根据单一条件选择数据结果

例 3.18　根据组合条件选择数据，df 为例 3.11 中生成的 DataFrame 对象。

```
df[(df['Q1'] > 90) &(df['team'] == 'C')]
                        # 选取 Q1 列值大于 90 且 team 值为 C 的数据记录
```

根据组合条件选择数据结果如图 3.32 所示。

name	team	Q1	Q2	Q3	Q4
Eorge	C	93	96	71	78
Alexander	C	91	76	26	79
Lincoln4	C	98	93	1	20

图 3.32　根据组合条件选择数据的结果

其中，&为"与"运算符，表示参与运算的两个条件要同时成立。该操作在数据表中逐行查找同时满足 Q1 的值大于 90 且 team 值为 C 的数据记录，并返回其值。

例 3.19　数据排序，df 为例 3.11 中生成的 DataFrame 对象。

```
df.sort_values(by='Q1')                    # df 对象的数据按 Q1 列升序排列
```

数据排序结果如图 3.33 所示。

其中，sort_values(by, ascending)为排序函数，参数 by 指定排序关键字，ascending 设置排序方式，默认 ascending=True 为升序排序，ascending=False 为降序排序。

如果多重排序，则采用以下操作：

```
# df 对象的数据按 team 列升序、Q1 列降序排列
df.sort_values(['team', 'Q1'], ascending=[True, False])
```

name	team	Q1	Q2	Q3	Q4
Sebastian	C	1	14	68	48
Harley	B	2	99	12	13
Liam	B	2	80	24	25
Lewis	B	4	34	77	28
Finn	E	4	1	55	32
...	...	...	...	...	...
Eorge	C	93	96	71	78
Aaron	A	96	75	55	8
Elijah	B	97	89	15	46
Max	E	97	75	41	3
Lincoln4	C	98	93	1	20

100 rows × 5 columns

图 3.33　数据排序结果

数据多重排序结果如图 3.34 所示。

name	team	Q1	Q2	Q3	Q4
Aaron	A	96	75	55	8
Henry	A	91	15	75	17
Nathan	A	87	77	62	13
Dylan	A	86	87	65	20
Blake	A	78	23	93	9
...	...	...	...	...	...
Eli	E	11	74	58	91
Jude	E	8	45	13	65
Rory9	E	8	12	58	27
Jackson5	E	6	10	15	33
Finn	E	4	1	55	32

100 rows × 5 columns

图 3.34　数据多重排序结果

3.2.7　数据聚合与分组运算

数据合并包含合并、连接、拼接等几种运算。Pandas 可以实现数据的纵向和横向连接，将数据连接后会形成一个新的对象，pandas.concat() 是专门用于数据连接合并的函数，它可以沿着行或者列进行合并操作。

例 3.20   数据合并。

```python
import pandas as pd
import numpy as np
# 定义 DataFrame 对象 df1、df2、df3 并赋值
df1 = pd.DataFrame({'A': ['A0', 'A1', 'A2', 'A3'],
                    'B': ['B0', 'B1', 'B2', 'B3'],
                    'C': ['C0', 'C1', 'C2', 'C3'],
                    'D': ['D0', 'D1', 'D2', 'D3']},
                   index=[0, 1, 2, 3])
df2 = pd.DataFrame({'A': ['A4', 'A5', 'A6', 'A7'],
                    'B': ['B4', 'B5', 'B6', 'B7'],
                    'C': ['C4', 'C5', 'C6', 'C7'],
                    'D': ['D4', 'D5', 'D6', 'D7']},
                   index=[4, 5, 6, 7])
df3 = pd.DataFrame({'A': ['A8', 'A9', 'A10', 'A11'],
                    'B': ['B8', 'B9', 'B10', 'B11'],
                    'C': ['C8', 'C9', 'C10', 'C11'],
                    'D': ['D8', 'D9', 'D10', 'D11']},
                   index=[8, 9, 10, 11])
frames = [df1, df2, df3]
df = pd.concat(frames)               # 将 df1、df2、df3 数据按行连接合并为 df
```

数据合并结果如图 3.35 所示。

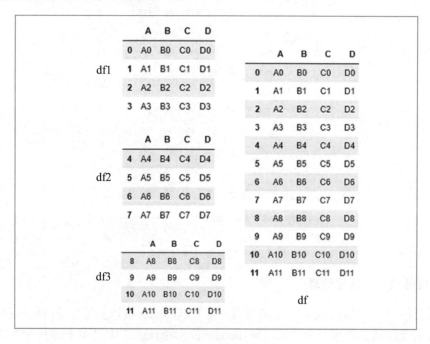

图 3.35   数组合并结果

Pandas 中的 groupby()函数可以实现类似 Excel 的数据分类汇总功能。

函数原型:

```
groupby(by=None, axis=0, as_index=True, squeeze=False)
```

参数说明:

❖ by: 指定作为分组依据的列名（一个或多个）或行索引（函数、字典和 Series 对象）。

❖ axis: axis=0 表示按行索引分组, axis =1 表示按列分组。

❖ as_index: True 表示用来分组的列中的数据作为结果 DataFrame 的行索引, False 表示用来分组的列中的数据不作为结果 DataFrame 的行索引。

例 3.21　数据分组汇总。

```
df.groupby('team').sum()                    # 按 team 分组汇总
```

数据分组汇总结果如图 3.36 所示。

team	Q1	Q2	Q3	Q4
A	1066	639	875	783
B	975	1218	1202	1136
C	1056	1194	1068	1127
D	860	1191	1241	1199
E	963	1013	881	1033

图 3.36　数据分组汇总的结果

```
df.groupby('team').mean()                       # 按 team 分组求平均值
```

数据分组求平均值结果如图 3.37 所示。

team	Q1	Q2	Q3	Q4
A	62.705882	37.588235	51.470588	46.058824
B	44.318182	55.363636	54.636364	51.636364
C	48.000000	54.272727	48.545455	51.227273
D	45.263158	62.684211	65.315789	63.105263
E	48.150000	50.650000	44.050000	51.650000

图 3.37　数据分组求平均值的结果

3.2.8　数据简单分析

Pandas 提供了很多用于统计分析的函数，如计算数组中查找最小值、最大值、百分位标准差和方差等。表 3.10 列出了 Pandas 常用的统计分析函数。

表 3.10　Pandas 常用的统计分析函数

函数	功能
DataFrame.mean()	返回所有列的平均值
DataFrame.mean(1)	返回所有行的平均值
DataFrame.corr()	返回列与列之间的相关系数
DataFrame.count()	返回每一列中非空值的个数
DataFrame.max()	返回每一列的最大值
DataFrame.min()	返回每一列的最小值
DataFrame.median()	返回每一列的中位数
DataFrame.std()	返回每一列的标准差
DataFrame.var()	方差

3.3　基于 Matplotlib 的大数据展示方法

在前面的章节中学习了如何使用 NumPy 和 Pandas 对数据进行处理。处理数据是为了探索数据的规律并将其展示给用户。如图 3.38 所示，左图是某股票的各项数据指标（开盘价、收盘价、最高价、最低价等）的部分截图，右图是根据左图的原始数据 [开盘价（open）和收盘价（close）] 画出的股票价格变化走势图。数据可视化借助于图形化手段，直观地展示出数据特点，清晰有效地传达与沟通信息。本节主要介绍如何利用 Matplotlib 模式实现数据可视化。

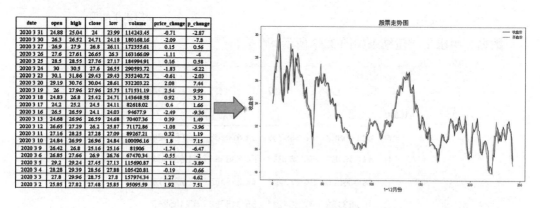

图 3.38　股票数据走势可视化

Matplotlib 是一个 Python 的 2D 绘图库，它以各种硬拷贝格式和跨平台的交互式环境生成出版物质量级别的图形。Matplotlib 不是 Python 内置库，调用前需手动安装，且需依赖 NumPy 库。

3.3.1　Matplotlib 安装

Matplotlib 包的安装有多种方法，基本安装思路都一样，本节按照 Matplotlib 官方文档（http://www.matplotlib.org.cn/users/installing.html#installing-an-official-release）提供的安装方法安装，具体安装步骤如下。

1）进入命令提示符界面。

2）输入以下命令：

```
python -m pip install -U pip
python -m pip install -U matplotlib
```

注意：pip 是 Python 包管理工具，该工具提供了对 Python 包的查找、下载、安装、卸载功能。Python 3.4 以上版本都自带 pip 工具，此时就不需要执行第一条命令。

执行安装命令过程如图 3.39 所示。

图 3.39　Matplotlib 安装过程

注意：图 3.39 中的安装环境为作者主机配置的 Anaconda3，请读者按照自己计算机的配置环境执行。

Matplotlib 包安装完成后，进入 Python 执行环境，通过 import matplotlib.pyplot as plt 导入命令测试安装是否成功。如果显示的状态如图 3.40 所示，则安装成功。

注意：在 Matplotlib 绘图库中，pyplot 是一个方便的接口，import matplotlib.pyplot as plt 是其约定俗成的调用形式。

图 3.40　Matplotlib 包安装测试

3.3.2　绘图流程

基于 Matplotlib 模块绘图的流程如图 3.41 所示。

Step 1	Step 2	Step 3	Step 4	Step 5	Step 6
准备数据	创建绘图框	图形自定义设置	绘制图形	保存图形	显示图形

图 3.41　基于 Matplotlib 模块的绘图流程

Step 1：准备数据，数据就是想要展示的数据内容，根据不同的要求会有不同的处理方式。

Step 2：创建绘图框，类似于 Word 中的画布。

Step 3：图形自定义设置，设置图形元素的属性，如线型、颜色、大小、标签等。

Step 4：绘制图形，根据需求调用不同函数生成不同类型的图形，可以和 Step 3 交换顺序，也可以同时设置。

Step 5：保存图形，保存绘制完成的图形。

Step 6：显示图形。

下面以散点图的绘制过程为例，散点图将数据以数据点坐标形式显示在二维平面上，示例代码如图 3.42 所示。

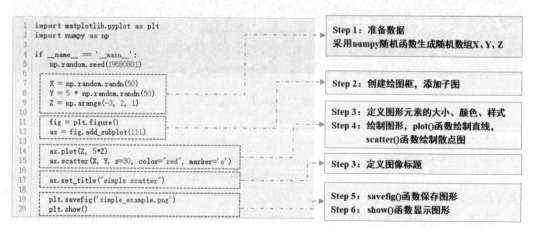

图 3.42　散点图绘制代码

程序运行结果如图 3.43 所示。

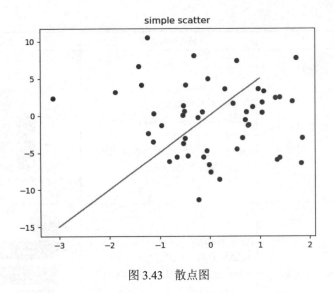

图 3.43　散点图

3.3.3　常见的图表类型

从散点图的绘制过程可以看出绘图的两个关键因素：图表类型和图形元素属性的设置。如在图 3.43 中有散点和直线两种图形类型，图形元素有图形标题、线的宽度和颜色、散点的颜色和大小等。本小节讨论一下图表类型。Matplotlib 模块提供了大量的绘图工具（http://www.matplotlib.org.cn/tutorials/），通过函数调用的方式创建各种图形。表 3.11 给出了常见的 7 种图表类型，第一列是图形函数原型，第二列给出了核心参数说明，第三列为相应类型的图表效果。

表 3.11　Matplotlib 常见的图表类型

函数	核心参数说明	图表类型
plot(x, y, color, linestyle…)	x：x 轴的数据； y：y 轴的数据； color：线条颜色； linestyle：线条类型	折线图
scatter(x, y, s, c, marker…)	x：x 轴的输入数据； y：y 轴的输入数据； c：填充颜色； s：散点大小； marker：散点类型	散点图

续表

函数	核心参数说明	图表类型
bar(x, height, width, bottom, align…)	x：x 轴的数据； height：柱形高度； width：柱形宽度，默认值为 0.8； bottom：默认值为 0； align：对齐方式，可选值有'center'和'edge'，默认值为'center'	 条形图
barh(y, height, width, bottom, align…)	y：x 轴的数据； height：柱形高度； width：柱形宽度，默认值为 0.8； bottom：默认值为 0； align：对齐方式，默认值为'center'	 横向条形图
pie(x, colors, labels…)	x：输入数据； colors：填充颜色； labels：标签	 饼图
boxplot(x, notch, sym, vert…)	x：输入数据； notch：有无凹槽，默认值为 False； sym：散点形状； vert：水平或竖直方向，默认值为 True（竖直方向）	 箱型图
hist(x, bins, range, density, color, label…)	x：输入数据； bins：箱的总数； range：统计范围； density：是否为频率统计； color：颜色； label：标签	 统计直方图

3.3.4　图形设置

图形设置主要涉及图表中图形元素属性设置。图 3.44 标出了 Matplotlib 图表的主要组成元素。

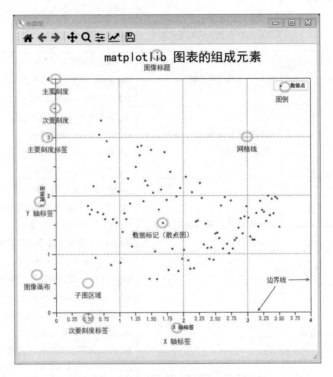

图 3.44　Matplotlib 图表的组成元素

Matplotlib 的主要组成元素由三大类构成。

1）绘图框（figure）：图形的最高容器，所有的图形（axes）必须包含在绘图框内。

2）子图（axes）：绘图框中具有数据空间的图像区域。一个给定的图形（figure）可以包含多个 axes，图 3.44 中就包含了一幅子图。

3）元素：构成子图的所有部件，如坐标轴（axis）、刻度（tick）、点（marker）、文字（text）、图例（legend）、网格（grid）、标题（title）等。

设置图形元素的常用函数如表 3.12 所示。

表 3.12　设置图形元素的常用函数说明

函数	函数功能	核心参数说明
figure(figsize, dpi)	创建绘图	figsize：图表尺寸； dpi：分辨率
xlim(xmin, xmax) ylim(ymin, ymax)	设置 x 轴和 y 轴的数值显示范围	xmin：x 轴上的最小值； xmax：x 轴上的最大值； ymin：y 轴上的最小值； ymax：y 轴上的最大值

函数	函数功能	核心参数说明
xticks(ticks, labels, fontdict) yticks(ticks, labels, fontdict)	设置 x 轴和 y 轴的数值刻度	ticks：刻度数值； labels：刻度名称； fontdict：文本格式
xlabel(string) ylabel(string)	设置 x 轴和 y 轴的标签文本	string：标签文本内容
grid(b, linestyle, color)	设置刻度线的网格线	b：有无网格线； linestyle：网格线的线条风格； color：网格线的线条颜色
axhline(y, c, ls, lw) axvline(y, c, ls, lw)	绘制平行于 x 轴和 y 轴的水平（竖直）参考线	y：水平参考线的出发点； c：参考线的线条颜色； ls：参考线的线条风格； lw：参考线的线条宽度
annotate(string, xy, xytext, weight, color, arrowprops)	添加图形内容细节的指向型注释文本	string：图形内容的注释文本； xy：被注释图形内容的位置坐标； xytext：注释文本的位置坐标； weight：注释文本的字体粗细风格； color：注释文本的字体颜色； arrowprops：指示被注释内容的箭头的属性字典
text(x, y, string, weight, color)	添加图形内容细节的无指向型注释文本	x：注释文本内容位置的横坐标； y：注释文本内容位置的纵坐标； string：注释文本内容； weight：注释文本内容的粗细风格； color：注释文本内容的字体颜色
title(string, fontdict)	设置图形标题	string：图形内容的标题文本； fontdict：文本格式，如字体大小、类型等
legend(loc, fontsize)	控制图例显示	loc：图例在图中的地理位置； fontsize：字体大小

3.3.5　绘图示例

例 3.22　散点图绘制示例。

```python
import matplotlib.pyplot as plt
from numpy.random import rand

plt.rcParams['font.sans-serif']=['SimHei']   # 用来正常显示中文标签

fig, ax = plt.subplots(figsize=(8,5))
for mark in ['^', '*', '.']:
    n = 100
    x, y = rand(2, n)      # 随机生成 2 个长度为 n 的一维数据并分别赋给 x 和 y
```

```
scale = 200.0 * rand(n)
# 散点图绘制参数说明
# x，y：数据向量，必须长度相等
# s：标记大小
# c：标记颜色
# marker：标记样式，例如 'o'：圆圈
# edgecolors：轮廓颜色
# alpha：透明度，取值范围[0,1]，1 不透明，0 透明
# linewidths：标记边缘的宽度，默认是'face'
ax.scatter(x, y, marker=mark, s=scale, label=mark)
```

```
ax.legend(loc="upper right")                # 设置图例在图中右上方显示
ax.grid(False)                              # 设置网格线
plt.title("散点图示例")
plt.show()
```

散点图绘制结果如图 3.45 所示。

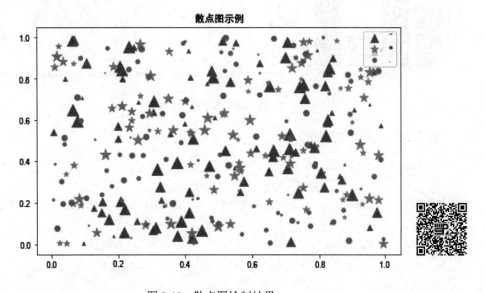

图 3.45　散点图绘制结果

例 3.23　多图绘制示例。

```
import matplotlib.pyplot as plt

data = {'apples': 10, 'oranges': 15, 'lemons': 5, 'limes': 20}
names = list(data.keys())
values = list(data.values())
```

```
fig = plt.figure(figsize=(12, 3))
ax1 = fig.add_subplot(1, 3, 1)          # 添加第一个子图，布局为 1 行 3 列
ax2 = fig.add_subplot(1, 3, 2)          # 添加第二个子图
ax3 = fig.add_subplot(1, 3, 3)          # 添加第三个子图

ax1.bar(names, values)                  # 第一个子图为条形图
ax2.scatter(names, values)              # 第二个子图为散点图
ax3.plot(names, values)                 # 第三个子图为折线图

fig.suptitle('Categorical Plotting')
```

多图绘制结果如图 3.46 所示。

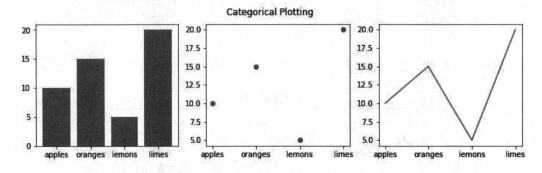

图 3.46　多图绘制结果

例 3.24　饼图绘制示例。

```
import matplotlib.pyplot as plt

plt.rcParams['font.sans-serif']=['SimHei']  # 用来正常显示中文标签

labels = ['娱乐','育儿','饮食','房贷','交通','其他']
sizes = [2, 5, 12, 70, 2, 9]
explode = (0, 0, 0, 0.1, 0, 0)

fig, ax = plt.subplots(figsize=(8,5))
# 绘制饼图参数说明
# labels: 设置各类的说明文字
# autopct: 第二个%表示转义字符，将第三个%直接显示出来，1 表示小数点后面一位
# colors: 设置为各部分染色列表
# explode: 每一部分离开中心点的距离，元素数目与 x 相同且一一对应
# shadow: 在饼图下面画一个阴影，3D 效果
```

```
# startangle: 设置饼图的初始摆放角度
ax.pie(sizes, explode=explode, labels=labels, autopct='%1.1f%%',
        shadow = True, startangle=150)
plt.title("饼图示例 - 9 月家庭消费支出")
plt.show()
```

饼图绘制结果如图 3.47 所示。

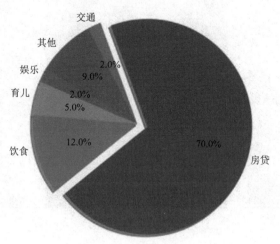

图 3.47　饼图绘制结果

例 3.25　条形图绘制示例。

```
import numpy as np
import matplotlib.pyplot as plt

men_means = (20, 35, 30, 35, 27)
women_means = (25, 32, 34, 20, 25)

ind = np.arange(len(men_means))              # 计算 x 轴的数据范围
width = 0.35                                  # 条形图的宽度

fig, ax = plt.subplots(figsize=(8,5))
rects1 = ax.bar(ind - width/2, men_means, width,color='SkyBlue', label='Men')
rects2 = ax.bar(ind + width/2, women_means, width, color='IndianRed', label='Women')

ax.set_ylabel('Scores')                       # 设置 y 轴标签
ax.set_title('Scores by group and gender')    # 设置图形标题
```

```
ax.set_xticks(ind)                                        # 设置 x 轴刻度
ax.set_xticklabels(('G1', 'G2', 'G3', 'G4', 'G5'))        # 设置 x 轴刻度标签
ax.legend()                                               # 设置图例
plt.show()
```

条形图绘制结果如图 3.48 所示。

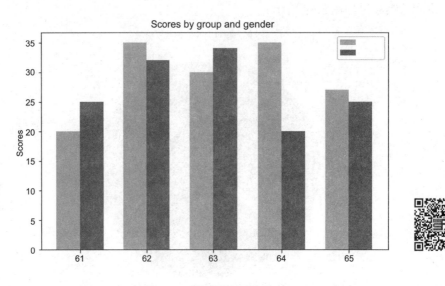

图 3.48　条形图绘制结果

例 3.26　三维图绘制示例。

```
import numpy as np
import matplotlib.pyplot as plt

plt.rcParams['font.sans-serif']=['SimHei']       # 用来正常显示中文标签
plt.rcParams['axes.unicode_minus']=False         # 用来正常显示负号

fig = plt.figure()
ax = fig.add_subplot(111, projection='3d')

# 生成三维图坐标数据
r = np.linspace(0,1.25,50)       # 返回 50 个在[0,1.25]区间的均匀间隔数字
p = np.linspace(0,2*np.pi,50)
R,P = np.meshgrid(r,p)           # np.meshgrid()生成网格坐标矩阵
Z = ((R**2-1)**2)
X,Y = R*np.cos(P), R*np.sin(P)

ax.plot_surface(X,Y,Z,cmap=plt.cm.YlGnBu_r)      # 生成表面图
```

三维图绘制结果如图 3.49 所示。

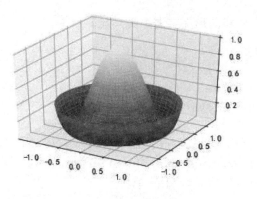

图 3.49　三维图绘制结果

3.4　网络招聘的数据分析

例 3.27　本例对各招聘网站上爬取的招聘数据进行简单分析,通过对数据的分析,讨论不同城市、不同学历和不同工作经验对薪资水平的影响,对应聘相关职业的人提供一些就业信息帮助。数据集由 6876 条记录、17 列数据构成,city 代表招聘公司所在城市,companyFullName 为公司名,education 为招聘人员学历要求,salary 为薪资水平,workYear 代表工作经验。部分招聘信息表截图如图 3.50 所示。

city	companyFullName	companyId	companySho	education	industryFiel	positionId	positionName	salary	workYear
上海	纽海信息技术(上海)有限公司	8581	1号店	硕士	移动互联网	2537336	数据分析师	7k-9k	应届毕业生
上海	上海点荣金融信息服务有限	23177	点融网	本科	金融	2427485	数据分析师-CR	10k-15k	应届毕业生
上海	上海晶樵网络信息技术有限	57561	SPD	本科	移动互联网	2511252	数据分析师	4k-6k	应届毕业生
上海	杭州数云信息技术有限公司	7502	数云	本科	企业服务,数	2427530	数据业务分析	6k-8k	应届毕业生
上海	上海银基富力信息技术有限	130876	银基富力	本科	其他	2245819	BI开发/数据分	2k-3k	应届毕业生
上海	上海青之桐投资管理有限公司	28095	青桐资本	本科	金融	2580543	助理分析师	10k-15k	应届毕业生
上海	上海好体信息科技有限公司	2002	足球魔方	本科	移动互联网	1449715	数据工程师	7k-14k	应届毕业生
上海	上海安硕信息技术股份有限	21863	安硕信息（an	硕士	金融	2568628	数据咨询顾问(	5k-7k	应届毕业生
上海	上海崇杏健康管理咨询有限	121208	上海崇杏	本科	移动互联网	2416852	数据处理工程师	8k-8k	应届毕业生
上海	五五海淘（上海）科技股份	58109	55海淘	本科	电子商务	1605795	数据处理实习生	2k-4k	应届毕业生
上海	莉莉丝科技（上海）有限公	1938	莉莉丝游戏	本科	移动互联网	2157863	大数据平台开发	5k-6k	应届毕业生
上海	我厨（上海）科技有限公司	51223	我厨（上海）	本科	电子商务,O	2548985	数据分析专员	2k-4k	应届毕业生
上海	上海阑途信息技术有限公司	36009	途虎养车网	本科	移动互联网	2392425	BI数据分析实	2k-3k	应届毕业生
上海	上海麦子资产管理有限公司	63922	麦子金服	本科	移动互联网	1243515	数据专员	4k-6k	应届毕业生
上海	上海如比电子商务有限公司	48294	旺旺集团火热	硕士	电子商务,社	2427555	数据研发工程	10k-15k	应届毕业生
上海	上海点荣金融信息服务有限	23177	点融网	本科	金融	2414480	数据研发工程师	10k-15k	应届毕业生
上海	杭州数云信息技术有限公司	7502	数云	硕士	企业服务,数	2320870	大数据工程师	10k-15k	应届毕业生
上海	上海好体信息科技有限公司	2002	足球魔方	本科	移动互联网	2411279	足球分析师	6k-8k	应届毕业生
上海	上海君同德翔管理咨询有限	149677	Juntong Capita	本科	金融	2527100	分析师	2k-3k	应届毕业生
上海	上海清源绿网科技有限公司	57577	清源大数据	本科	数据服务	2561181	分析师	3k-4k	应届毕业生
上海	上海融之家金融信息服务有	93141	融之家	本科	移动互联网	2501433	数据工程师	10k-18k	应届毕业生
上海	上海远目投资管理有限公司	143807	大观资本	硕士	金融	2517307	分析师（实习）	3k-6k	应届毕业生
上海	北京数字新思科技有限公司	73539	数字新思	本科	数据服务	2388082	商业数据分析	6k-8k	应届毕业生
上海	上海甫田贸易有限公司	146592	甫田网Fields	本科	电子商务	2531473	数据分析专员	4k-6k	应届毕业生
上海	伽蓝（集团）股份有限公司	7069	伽蓝	本科	电子商务		商业数据分析	4k-6k	应届毕业生

图 3.50　招聘信息表截图

1.　准备工作

先导入数据分析需要的 Pandas 和 Matplotlib,同时设置涉及图形显示的一些全局变量，如中文标签、正负号和图形文字大小等，代码如下。

```
# coding=utf-8

import pandas as pd
import matplotlib.pyplot as plt

plt.rcParams['font.sans-serif']=['SimHei']      # 用来正常显示中文标签
plt.rcParams['axes.unicode_minus']=False        # 用来正常显示负号
plt.rcParams['font.size'] = 12                   # 设置图形文字大小
```

2. 数据读取

把从网络上获取的源数据 DataAnalyst.csv 保存在当前路径下，通过 read_csv()函数读入数据，创建一个 DataFrame 实例 df，并将读入的原始数据赋给 df。通过 df.info()查询数据集是否存在空数据和重复数据。

```
# 读取数据
path = './DataAnalyst.csv'                       # 源数据的存放路径
df = pd.read_csv(path, encoding='gbk')
df.info()
```

读取的原始数据如图 3.51 所示，给出每列数据非空值的统计数，如图 3.51 中 businessZones 列非空值统计数为 4873，总记录数为 6876，也就是说这个字段存在空数据。

```
<class 'pandas.core.frame.DataFrame'>
RangeIndex: 6876 entries, 0 to 6875
Data columns (total 17 columns):
 #   Column            Non-Null Count  Dtype
 0   city              6876 non-null   object
 1   companyFullName   6876 non-null   object
 2   companyId         6876 non-null   int64
 3   companyLabelList  6170 non-null   object
 4   companyShortName  6876 non-null   object
 5   companySize       6876 non-null   object
 6   businessZones     4873 non-null   object
 7   firstType         6869 non-null   object
 8   secondType        6870 non-null   object
 9   education         6876 non-null   object
 10  industryField     6876 non-null   object
 11  positionId        6876 non-null   int64
 12  positionAdvantage 6876 non-null   object
 13  positionName      6876 non-null   object
 14  positionLables    6844 non-null   object
 15  salary            6876 non-null   object
 16  workYear          6876 non-null   object
dtypes: int64(2), object(15)
memory usage: 913.3+ KB
```

图 3.51 读取的原始数据

利用 df.describe()查看数据的描述性信息，如图 3.52 所示。

```
# describe()函数生成描述性统计，总结数据集分布的中心趋势、分散和形状
df.describe()
```

	companyId	positionId
count	6876.000000	6.876000e+03
mean	56473.470477	2.188696e+06
std	48416.947813	4.472044e+05
min	43.000000	8.030700e+04
25%	10003.000000	2.049360e+06
50%	46668.000000	2.352736e+06
75%	101076.000000	2.495215e+06
max	157744.000000	2.583183e+06

图 3.52　查看数据的描述性信息

3. 数据清洗和整理

由于原始的数据集中可能存在重复数据和无效数据，因此，需要对数据进行清理。数据集的 positionId 是职位 ID，它的值应该是唯一的，我们可以根据 positionId 字段去掉重复数据，再用 unique()函数返回唯一值。

```
len(df.positionId.unique())                    # 查看是否存在重复数据
df_duplicates = df.drop_duplicates(subset='positionId', keep='first')
                                               # 去掉数据集中的重复数据
```

数据集中存在 17 个数据字段，对于求职者，薪资是最为关心的问题。案例使用 cut_word()函数提取各个招聘职位的月最高薪资和月最低薪资。数据集中 salary 数据的表达方式为 7k-9k，这是字符串表达形式，以 "-" 为分隔符，前面 7k 为月最低薪资，后面 9k 为月最高薪资。cut_word()函数在读取的 word 字符串中寻找 "-" 符号的索引并赋给 position，然后将 word[: position-1]和 word[position+1:length-1]分别作为月最低薪资和月最高薪资返回。如果 salary 数据为 10k，那就将读取的数据同时作为月最低薪资和月最高薪资返回。

```
# 提取月最高和月最低薪资
def salary_count(word, method):
    position = word.find('-')
    length = len(word)
    if position != -1:
        if method=='bottom':
```

```
            bottomSalary = word[:position-1]
            return bottomSalary
        else:
            topSalary = word[position+1:length-1]
            return topSalary
    else:
        bottomSalary = word[:word.upper().find('k')]
        return bottomSalary
```

调用函数提取招聘单位的月最高薪资和月最低薪资，并计算招聘单位的月平均薪资。

```
# 提取月最高薪资数值
df_duplicates.loc[:,'topSalary'] = df_duplicates.salary.apply
                                    (salary_count, method ='top')
df_duplicates.topSalary = df_duplicates.topSalary.astype('float')
                                        # 将数据类型转换成 float
df_duplicates['topSalary']

# 提取月最低薪资数值
df_duplicates.loc[:,'bottomSalary'] = df_duplicates.salary.apply
                                    (salary_count,method = 'bottom')
df_duplicates.bottomSalary = df_duplicates.bottomSalary.astype('int')
df_duplicates['bottomSalary']

# 计算月平均薪资
df_duplicates.loc[:,'avgSalary'] = (df_duplicates.bottomSalary+
                                    df_duplicates.topSalary)/2
df_duplicates['avgSalary']
```

数据集中存在 17 个数据字段，在数据分析中有些数据字段是不需要的，根据需求我们选取数据表中'city'、'companyShortName'、'education'、'positionName'、'workYear'、'avgSalary'、'topSalary'和'bottomSalary' 8 个数据列。

```
# 选取数据
df_clean = df_duplicates[['city','companyShortName','education',
                          'positionName','workYear','avgSalary',
                          'topSalary','bottomSalary']]
```

经过整理后的数据集如图 3.53 所示。

	city	companyShortName	education	positionName	workYear	avg Salary	top Salary	bottom Salary
0	上海	1号店	硕士	数据分析师	应届毕业生	8.0	9	7
1	上海	点融网	本科	数据分析师-CR2017-SH2909	应届毕业生	12.5	15	10
2	上海	SPD	本科	数据分析师	应届毕业生	5.0	6	4
3	上海	数云	本科	大数据业务分析师【数云校招】	应届毕业生	7.0	8	6
4	上海	银基富力	本科	BI开发/数据分析师	应届毕业生	2.5	3	2
...	...	...	...	...	...	...	...	...
6054	北京	宜信	本科	BI数据分析师	3-5年	20.0	25	15
6330	北京	龙宝斋财富	本科	大数据风控研发工程师	3-5年	22.5	30	15
6465	北京	美团点评	本科	高级数据技术专家	5-10年	35.0	40	30
6605	北京	北京富通基业投资有限公司	不限	分析师助理 / 销售人员	不限	5.0	6	4
6766	北京	百度	本科	数据仓库建模工程师	不限	22.5	30	15

5031 rows × 8 columns

图 3.53　经过整理后的数据集

4. 数据分析

数据分析的目的是通过适当的统计分析方法从看起来杂乱无章的数据中找出所研究对象的内在规律，帮助人们做出判断。数据分析包含描述性统计分析、探索性数据分析以及验证性数据分析，也可以借助机器学习方法（见第 5 章）。本例采用了描述性统计分析，主要计算不同城市的职位需求情况，如图 3.54 所示。

```
# 数据分析
df_clean.city.value_counts()
```

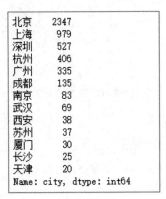

图 3.54　统计不同城市的职位需求情况

5. 数据可视化

数据可视化可以帮助用户更好地分析数据，将数据以图形比例的方式展示，让人简单直观地了解数据所包含的意义。本例采用箱型图来展示不同城市的月平均薪资水平对比、不同学历的月平均薪资水平对比和不同工作经验的月平均薪资水平对比。箱型图（box-plot）又称为盒须图、盒式图或箱线图，是一种用作展示数据分散情况的统计图，能显示出一组数据的最大值、最小值、中位数及上下四分位数。

```python
# 数据可视化
plt.style.use('ggplot')
df_clean.boxplot(column='avgSalary',by='city',figsize=(12,8))
plt.title("不同城市的月平均薪资水平对比")
plt.show()
```

不同城市的平均月薪资水平箱型图如图 3.55 所示，箱体中的横线代表均值，从图中可以看出北京市的月平均薪资最高，北京、上海和深圳 3 个城市的月平均薪资水平比较接近。

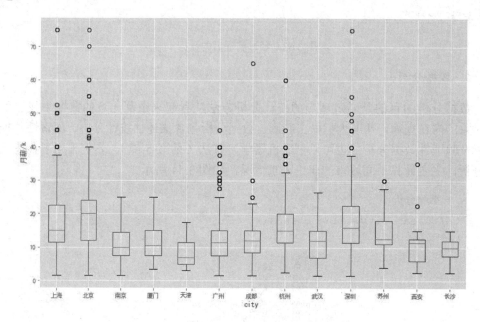

图 3.55　不同城市的月平均薪资水平箱型图

```python
# 数据可视化
df_clean.boxplot(column='avgSalary', by='education', figsize=(9,7))
plt.title("不同教育背景的月平均薪资水平对比")
plt.show()
```

不同教育背景的月平均薪资水平箱型图如图 3.56 所示。

```python
df_clean.boxplot(column='avgSalary', by='workYear', figsize=(9,7))
plt.title("不同工作经验的月平均薪资水平对比")
plt.show()
```

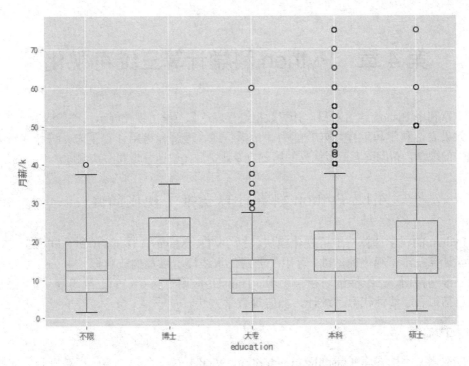

图 3.56　不同教育背景的月平均薪资水平箱型图

不同工作经验的月平均薪资水平箱型图如图 3.57 所示。

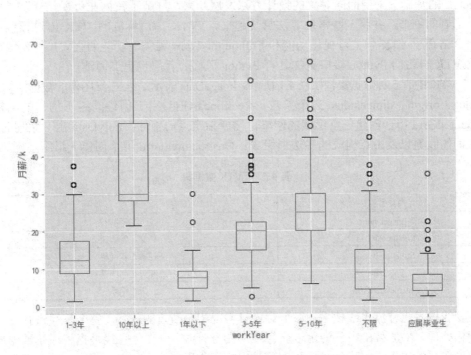

图 3.57　不同工作经验的月平均薪资水平箱型图

第 4 章　Python 科学计算三维可视化

本章利用 Python 语言对科学计算数据进行表达和三维可视化展示，培养读者掌握利用三维效果表达科学和工程数据的能力。希望传递"理解和运用计算生态，培养集成创新思维"的理念，帮助读者运用优秀的第三方专业资源，快速分析和解决问题。

4.1　Python 科学计算三维可视化简介

Python 的科学计算三维可视化模块包括 TVTK、Mayavi、TraitsUI 和 SciPy 等。TVTK 是科学计算三维可视化的基础，可用于创建流水线模型以及加载数据。Mayavi 主要用于绘制三维网格面、三维标量场和矢量场。TraitsUI 应用于交互式的三维可视化，而 SciPy 主要包括拟合、线性代数、统计、插值等数学方法。

4.1.1　TVTK

视觉化工具函式库（visualization toolkit，VTK）是一个开放源码、跨平台、支持平行处理的图形应用函式库，VTK 包含一个 C++类库和众多的翻译接口层，包括 Tcl/Tk、Java、Python，是一个用于可视化应用程序构造与运行的支撑环境，它在三维函数库 OpenGL 的基础上采用面向对象的设计方法发展起来，屏蔽了我们在可视化开发过程中经常遇到的细节，并将一些常用算法封装起来。TVTK 库对标准的 VTK 库进行包装，是一个结合了 VTK 强大可视化功能和 Enthought-Traits 强类型功能的强大模块，编写方式比 VTK 自带的 Python 接口更加具有 Python 风格，代码也更加简洁。

TVTK 中有 5 种数据集，如表 4.1 所示。ImageData 表示二维/三维图像的数据结构，有 spacing、origin、dimensions 3 个参数；RectilinearGrid 用于创建间距不均匀的网格；StructuredGrid 用于创建任意形状的网格，需要指定点的坐标；PolyData 由一系列的点、点之间的联系以及由点构成的多边形组成；UnstructuredGrid 用于创建无组织网格。

表 4.1　TVTK 数据集

TVTK 数据集	特点
ImageData	正交等间距
RectilinearGrid	正交不等间距
StructuredGrid	任意形状网格
PolyData	点和点之间的联系
UnstructuredGrid	无组织点

管线技术也称流水线技术，每个对象只实现相对简单的任务，整个管线进行复杂的可视化处理，在 TVTK 中分为可视化管线和图形管线。可视化管线是指将原始数据加工成图形数据的过程，图形管线指将图形数据加工为所看到的图像。

TVTK 数据可视化分为 5 个模块：数据模块、数据预处理模块、数据映射模块、绘制模块和显示模块。前两个模块为可视化管线（将原始数据加工成图形），与可视化管线相关的两个对象为 PolyData（计算输出一组长方形数据）和 PolyDataMapper（通过映射器映射为图形数据）；后 3 个模块为图形管线（将图形数据加工成图像），与图形管线相关的 4 个 TVTK 对象为 Actor（实体对象）、Renderer（渲染场景对象）、RenderWindow（渲染用的图形窗口对象）和 RenderWindowInteractor（用户交互对象），如表 4.2 所示。图形管线库中还有其他基本的三维对象，如表 4.3 所示。

表 4.2　TVTK 对象

TVTK 对象	说明
Actor	场景中一个实体，描述实体位置、方向、大小的属性
Renderer	渲染作用，包括多个 Actor
RenderWindow	渲染用的图形窗口，包括一个或多个 Render
RenderWindowInteractor	提供一些交互功能，如评议、旋转、放大、缩小，不改变 Actor 或数据属性，只调整场景中照相机的位置

表 4.3　TVTK 库其他的基本三维对象

三维对象	说明
cubeSource	立方体三维对象数据源
coneSource	圆锥三维对象数据源
cylinderSource	圆柱三维对象数据源
arcSource	圆弧三维对象数据源
arrowSource	箭头三维对象数据源

如图 4.1 所示，用 TVTK 绘制长方体时，建立 Model 后，可以在命令框中输入代码，获取数据。如输入 print(scene.renderer.actors[0].mapper.input.points.to_array)，可以得到长方体各个顶点的坐标。

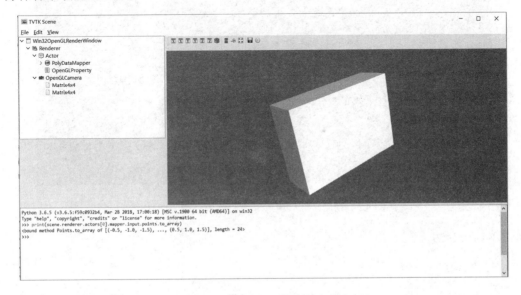

图 4.1　用 TVTK 绘制长方体

4.1.2　Mayavi

Mayavi 最初是作为 Computational Fluid Dynamics（CFD）的一个可视化工具而开发的。现在发展成为一个三维科学计算可视化功能库，可实现如图 4.2 所示的功能，提供了简单易用的 3D 科学计算数据可视化功能平台，支持 Numpy、TVTK、Traits、Envisage 等库。目前，Mayavi2 是三维可视化中最主要的第三方库。

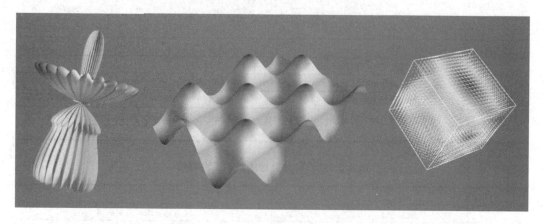

图 4.2　基于 Mayavi 的复杂几何体、高程矩阵的三维可视化与矢量数据可视化

如图 4.3 所示，利用 on_mouse_pick(callback, type="point", Button="left", Remove=False) 提供鼠标响应操作，返回一个 VTK picker 对象。

图 4.3　利用鼠标实现选取所有红色小球的交互

4.1.3　TraitsUI

1. Traits 库

Traits 库最初是为了开发 Chaco（一个 2D 绘图库）而设计的，绘图库中有很多绘图

用的对象，每个对象都有很多诸如线型、颜色、字体之类的属性。为了方便用户使用，每个属性可以允许多种形式的值。例如，颜色属性可以是'red'，2.0xff0000 或者 3. (255,0,0)，也就是说可以用字符串、整数、元组等类型的值表达颜色。不过颜色属性虽然可以接收多样的值，却不能接收所有的值，如'abc'、0.5 等就不能很好地表示颜色。而且虽然为了方便用户使用，对外的接口可以接收各种形式的值，但是在内部必须有一个统一的表达方式来简化程序的实现。

用 Trait 属性可以很好地解决这样的问题，其原因在于以下几个方面。

1）它可以接收能表示颜色的各种类型的值。

2）当赋值不能表达颜色的值时，它能够立即捕捉到错误，并且提供一个有用的错误报告，告诉用户它能够接收什么样的值。

3）它提供一个内部的标准的颜色表达方式。

2. TraitsUI

TraitsUI 是一套建立在 Traits 库基础上的用户界面库。它和 Traits 紧密相连，如果已经有了一个继承于 HasTraits 的类，可以直接调用其 configure_traits()方法，系统将会使用 TraitsUI 自动生成一个界面，以供用户交互式地修改对象的 Trait 属性。Trait 为 Python 对象的属性增加了类型定义的功能，TraitsUI 的控件如图 4.4 所示。

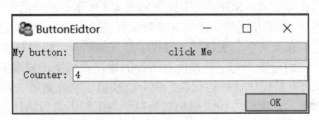

图 4.4　利用 TraitsUI 实现按键触发并计数的界面

此外，它还提供了如下额外功能。

1）初始化：每个 Trait 属性都定义有自己的默认值，这个默认值用来初始化属性。

2）验证：基于 Trait 的属性都有明确的类型定义，只有满足定义的值才能赋值给属性。

3）委托：Trait 属性的值可以委托给其他对象的属性。

4）监听：Trait 属性的值的改变可以触发指定函数的运行。

5）可视化：拥有 Trait 属性的对象可以很方便地提供一个用户界面，交互式地改变 Trait 属性的值。

可以结合 TraitsUI 和 Mayavi 构建一个可交互的三维可视化应用，如图 4.5 所示。

首先，建立 Mayavi 窗口，步骤如下：①新建从 HasTraits 继承的类，建立 MlabSceneMode 场景实例 scene 和 view 视图，然后定义 init()函数，生成数据；②建立类的实例，调用 configure_traits()方法。

然后，通过 TraitsUI 的交互控制实现可视化视图中参数的相应改变。

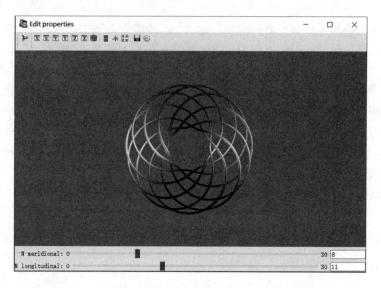

图 4.5 用 TraitsUI 与 Mayavi 共同显示可视化窗口（包括滑动条和文本框）

4.1.4 SciPy

SciPy 是一个开源的 Python 算法库和数学工具包，在 BSD 授权下发布，主要用于数学、科学和工程计算领域，SciPy 的子模块如表 4.4 所示。SciPy 是基于 NumPy 的科学计算库，NumPy 提供了方便和快速的 n 维数组操作，NumPy 和 SciPy 协同工作可以高效解决很多问题，在天文学、生物学、气象学和气候科学，以及材料科学等多个学科得到了广泛应用。它们可以一起运行在所有流行的操作系统上，安装简单，使用免费。SciPy 库包含的模块有最优化、线性代数、积分、插值、特殊函数、快速傅里叶变换、信号处理和图像处理、常微分方程求解和其他科学与工程中常用的计算。

表 4.4　SciPy 的子模块

模块	应用领域
scipy.cluster	矢量量化/k-均值
scipy.constants	物理和数学常数
scipy.fftpack	傅里叶变换
scipy.integrate	积分程序
scipy.interpolate	插值
scipy.io	数据输入/输出
scipy.linalg	线性代数程序
scipy.ndimage	n 维图像包
scipy.odr	正交距离回归
scipy.optimize	优化
scipy.signal	信号处理
scipy.sparse	稀疏矩阵
scipy.spatial	空间数据结构和算法
scipy.special	任何特殊数学函数
scipy.stats	统计

可以使用 scipy.optimize.minimize()函数来最小化函数，minimize()函数包含以下几个参数（fun 表示要优化的函数；x0 表示初始猜测；method 表示使用的方法名称，值可以是'CG'、'BFGS'、'Newton-CG'、'L-BFGS-B'、'TNC'、'COBYLA'、'SLSQP'；callback 表示每次优化迭代后调用的函数）。例如，$x^2 + x + 2$ 使用 BFGS 的最小化函数。

```
In [1] : from scipy. optimize import minimize
    def eqn(x) :
        return x**2 + x + 2

In [2] : mymin = minimize(eqn, 0, method=' BFGS')
    mymin

Out[2] :    fun: 1.75
    hess_inv : array([[0.50000001]])jac: array([o.])
      essage: ' Optimization terminated successfully.'
        nfev: 8
          nit: 2njev : 4
      status : o
    success : True
        x : array([-o.50000001])
```

4.2　三维可视化库 Mayavi

本节介绍 Mayavi 及其依赖的软件在 Windows 平台上的安装方法。本节代码基于 Python 3.6 版本。

4.2.1　安装基本库函数

首先，选择 Python 版本（https://www.python.org/）下载并安装。

Traits 要求使用 Python 3.6 及以上版本，它与 SciPy 库一样依赖于 NumPy。安装 Mayavi 时，安装顺序为 PyQt4→NumPy→Traits→VTK→Mayavi。

可以使用 pip install 安装，但会缺少相关依赖，建议通过文件以保证安装不出错。

1）在 https://www.lfd.uci.edu/~gohlke/pythonlibs/#mayavi 网站下载对应版本的.whl 文件，下载之后放到命令提示符所打开的<C:\Users\Administrator>路径下，通过 pip install 安装 PyQt，如图 4.6 所示。

```
pip install PyQt4-4.11.4-cp36-cp36m-win_amd64.whl
```

```
C:\Users\yang\Desktop\mm>pip install PyQt4-4.11.4-cp36-cp36m-win_amd64.whl -i https://pypi.tuna.tsinghua.edu.cn/simple
Processing c:\users\yang\desktop\mm\pyqt4-4.11.4-cp36-cp36m-win_amd64.whl
Installing collected packages: PyQt4
Successfully installed PyQt4-4.11.4
You are using pip version 9.0.3, however version 21.1.3 is available.
You should consider upgrading via the 'python -m pip install --upgrade pip' command.
```

图 4.6　安装 PyQt

2）使用 pip install 安装 NumPy，如图 4.7 所示。

```
pip install numpy
```

图 4.7　安装 NumPy

3）使用 pip install 安装 Traits、TraitsUI，如图 4.8 和图 4.9 所示。

```
pip install Traits 或 pip install TraitsUI
```

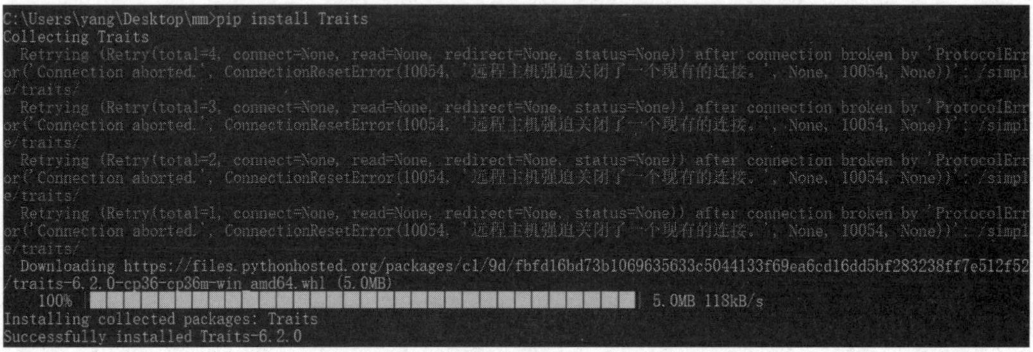

图 4.8　安装 Traits

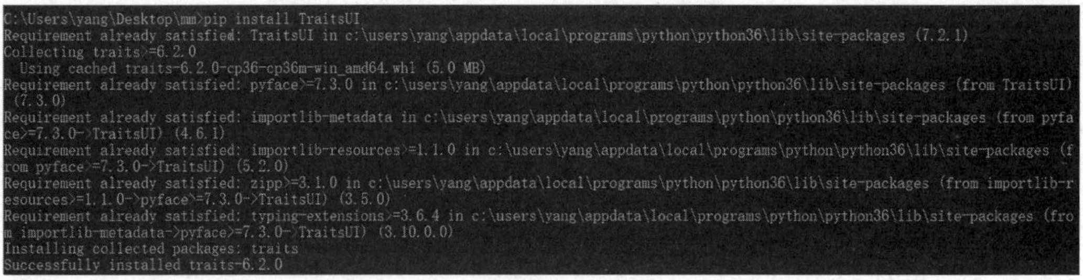

图 4.9　安装 TraitsUI

4）使用 pip install 安装 VTK，如图 4.10 所示。

```
pip install VTK-8.2.0-cp36-cp36m-win_amd64.whl
```

5）使用 pip install 安装 Mayavi，如图 4.11 所示。

```
pip install mayavi-4.7.1+vtk82-cp36-cp36m-win_amd64.whl
```

```
C:\Users\yang\Desktop\mm>pip install VTK-7.1.1-cp36-cp36m-win_amd64.whl
Processing c:\users\yang\desktop\mm\vtk-7.1.1-cp36-cp36m-win_amd64.whl
Installing collected packages: VTK
Successfully installed VTK-7.1.1
```

图 4.10　安装 VTK

```
C:\Users\yang\Desktop\mm>pip install mayavi-4.5.0+vtk71-cp36-cp36m-win_amd64.whl -i https://pypi.tuna.tsinghua.edu.cn/si
mple
Processing c:\users\yang\desktop\mm\mayavi-4.5.0+vtk71-cp36-cp36m-win_amd64.whl
Requirement already satisfied: traits in c:\users\yang\appdata\local\programs\python\python36\lib\site-packages (from ma
yavi==4.5.0+vtk71)
Collecting traitsui (from mayavi==4.5.0+vtk71)
  Downloading https://pypi.tuna.tsinghua.edu.cn/packages/ba/d0/984356270f3cf1d380003babaa6756568dda88bdbd4fd7efee97a6b2d
b4b/traitsui-7.2.1.tar.gz (6.7MB)
    100% |████████████████████████████████| 6.7MB 190kB/s
Collecting apptools (from mayavi==4.5.0+vtk71)
  Downloading https://pypi.tuna.tsinghua.edu.cn/packages/c8/2f/cca173cf2077a61b5e07a00ffba317a51e33502ee93570ef37f84fef8
1a3/apptools-5.1.0.tar.gz (177kB)
    100% |████████████████████████████████| 184kB 559kB/s
Collecting pyface>=7.3.0 (from traitsui->mayavi==4.5.0+vtk71)
  Downloading https://pypi.tuna.tsinghua.edu.cn/packages/cf/36/6f65252f601fe422106f0d8dffbe9afce9212bda81de9ab5377879c8b
947/pyface-7.3.0.tar.gz (6.1MB)
    100% |████████████████████████████████| 6.2MB 194kB/s
Collecting configobj (from apptools->mayavi==4.5.0+vtk71)
  Downloading https://pypi.tuna.tsinghua.edu.cn/packages/64/61/079eb60459c44929e684fa7d9e2fdca403f67d64dd9dbac27296be2e0
fab/configobj-5.0.6.tar.gz
Collecting importlib-metadata (from pyface>=7.3.0->traitsui->mayavi==4.5.0+vtk71)
  Downloading https://pypi.tuna.tsinghua.edu.cn/packages/3f/e1/e5bba549a033adf77448699a34ecafc7a32adaeeb4369396b35f56d5c
c3e/importlib_metadata-4.6.1-py3-none-any.whl
Collecting importlib-resources>=1.1.0 (from pyface>=7.3.0->traitsui->mayavi==4.5.0+vtk71)
  Downloading https://pypi.tuna.tsinghua.edu.cn/packages/c3/8d/cb49c07dd01e797e76e86f33c3472ebd861216b57296095f5c17be9b7
9e8/importlib_resources-5.2.0-py3-none-any.whl
Collecting six (from configobj->apptools->mayavi==4.5.0+vtk71)
  Downloading https://pypi.tuna.tsinghua.edu.cn/packages/d9/5a/e7c31adbe875f2abbb91bd84cf2dc52d792b5a01506781dbcf25c91da
f11/six-1.16.0-py2.py3-none-any.whl
Collecting zipp>=0.5 (from importlib-metadata->pyface>=7.3.0->traitsui->mayavi==4.5.0+vtk71)
  Downloading https://pypi.tuna.tsinghua.edu.cn/packages/92/d9/89f433969fb8dc5b9cbdd4b4deb587720ec1aeb59a020cf15002b9593
eef/zipp-3.5.0-py3-none-any.whl
Collecting typing-extensions>=3.6.4; python_version < "3.8" (from importlib-metadata->pyface>=7.3.0->traitsui->mayavi==4
.5.0+vtk71)
  Downloading https://pypi.tuna.tsinghua.edu.cn/packages/2e/35/6c4fff5ab443b57116cb1aad46421fb719bed2825664e8fe77d66d99b
cbc/typing_extensions-3.10.0.0-py3-none-any.whl
Installing collected packages: zipp, typing-extensions, importlib-metadata, importlib-resources, pyface, traitsui, six,
configobj, apptools, mayavi
  Running setup.py install for pyface ... done
  Running setup.py install for traitsui ... done
  Running setup.py install for configobj ... done
  Running setup.py install for apptools ... done
Successfully installed apptools-5.1.0 configobj-5.0.6 importlib-metadata-4.6.1 importlib-resources-5.2.0 mayavi-4.5.0+vt
k71 pyface-7.3.0 six-1.16.0 traitsui-7.2.1 typing-extensions-3.10.0.0 zipp-3.5.0
You are using pip version 9.0.3, however version 21.1.3 is available.
You should consider upgrading via the 'python -m pip install --upgrade pip' command.
```

图 4.11　安装 Mayavi

安装完成后进入 Python，输入 from mayavi import mlab，没有报错说明安装成功，如图 4.12 所示。

```
C:\Users\yang\Desktop\mm>python
Python 3.6.5 (v3.6.5:f59c0932b4, Mar 28 2018, 17:00:18) [MSC v.1900 64 bit (AMD64)] on win32
Type "help", "copyright", "credits" or "license" for more information.
>>> from mayavi import mlab
>>>
```

图 4.12　安装成功界面

4.2.2　Mayavi 库的功能介绍

Mayavi 库主要有两大部分功能。

1. mlab 模块用于处理图形可视化和图形操作

mlab 控制函数分为绘图函数、图形控制函数、图形修饰函数、相机控制函数、其他函数，如表 4.5 所示。每种函数的具体说明如表 4.6～表 4.10 所示。

1）绘图函数：实现已有数据的可视化显示，可以是 Numpy 数组构建的，也可以是外部读取的，比如读取一个文件。

2）图形控制函数：实质上是对 Mayavi 中的 figure 进行控制，比如可以通过 gcf 获得当前视图的指针，也可以通过 clf 清空当前图形，还可以通过 close 关闭当前图形。

3）图形修饰函数：对当前绘制的函数进行一定的修饰和装饰，比如绘制完图形之后需要增加一个颜色标识栏。

4）相机控制函数：对相机的操作，比如使用 move 函数来移动相机到某个位置上，使用 pitch、roll、yaw 函数控制相机进行旋转等。

5）其他函数：使用 animate 函数生成一段动态的可视化效果；使用 get_engine 函数获得当前管线的 engine。

表 4.5　mlab 控制函数

类别	说明
绘图函数	barchar()、contour3d()、contour_surf()、flow()、imshow()、mesh()、plot3d()、points3d()、quiver3d()、surf()、triangular()
图形控制函数	clf()、close()、draw()、figure()、fcf()、savefig()、screenshot()、sync_camera()
图形修饰函数	colorbar()、scalarbar()、xlabel()、ylabel()、zlabel()
相机控制函数	move()、pitch()、roll()、view()、set_engine()
其他函数	animate()、axes()、get_engine()、show()、set_engine()

表 4.6　mlab 绘图函数

函数	说明
barchart()	根据二维、三维或者点云数据绘制的三维柱形图
contour3d()	三维数组定义的体数据的等值面可视化
contour_surf()	将二维数组可视化为等高线，高度值由数组点的值来确定
flow()	绘制三维数组描述的向量场的粒子轨迹
imshow()	将二维数组可视化为一张图像
mesh()	绘制由 3 个二维数组 x、y、z 描述坐标点的网格平面
plot3d()	基于一维 Numpy 数组 x、y、z 提供的三维坐标数据，绘制线图形
point3d()	基于 Numpy 数组 x、y、z 提供的三维点坐标，绘制点图形
quiver3d()	三维矢量数据的可视化，箭头表示在该点的矢量数据
surf()	将二维数组可视化为一个平面，Z 轴描述了数组点的高度
triangular_mesh()	绘制由 x、y、z 坐标点描述的三角网格面

表 4.7　mlab 图形控制函数

图形函数	说明
clf()	清空当前图像，如 mlab.clf(figure=None)
close()	关闭图形窗口，如 mlab.close(scene=None, all=False)
draw()	重新绘制当前图像，如 mlab.draw(figure=None)

续表

图形函数	说明
figure()	建立一个新的 scene 或者访问一个存在的 scene，如 mlab.figure(figure=None, bgcolor=None, fgcolor=None, engine=None, size=(400, 350))
gcf()	返回当前图像的 handle，如 mlab.gcf(figure=None)
savefig()	存储当前的前景，输出为一个文件，如 PNG、JPG、BMP、TIFF、PDF、OBJ、VRML 等文件

表 4.8　mlab 图形修饰函数

图形函数	说明
cololorbar()	为对象的颜色映射增加颜色条
scalarbar()	为对象的标量颜色映射增加颜色条
vectorbar()	为对象的矢量颜色映射增加颜色条
xlabel()	建立坐标轴，并添加 x 轴的标签：mlab.xlabel(text, object=None)
ylabel()	建立坐标轴，并添加 y 轴的标签
zlabel()	建立坐标轴，并添加 z 轴的标签

表 4.9　mlab 相机控制函数

图形函数	说明
move()	移动相机和焦点，如 mlab.move(forward=None, right=None, up=None)
pitch()	沿着"向右"轴旋转角度，如 mlab.pitch(degrees)
view()	设置/获取当前视图中相机的视点，如 mlab.view(azimuth=None, elevation=None, distance=None, focalpoint=None, roll=None, Reset_roll=True, figure=None)
yaw()	沿着"向上"轴旋转一定角度，如 mlab.yaw(degrees)

表 4.10　其他函数

图形函数	说明
animate()	动画控制函数，如 mlab.animate(func=None, delay=500, ui=True)
axes()	为当前物体设置坐标轴，如 mlab.axes(*args, **kwargs)
outline()	为当前物体建立外轮廓，如 mlab.outline(*args, **kwargs)
show()	与当前图像开始交互，如 mlab.show(func=None, stop=False)
show_pipeline()	显示 Mayavi 的管线对话框，可以进行场景属性的设置和编辑
text()	为图像添加文本，如 mlab.text(*args, **kwargs)
title()	为绘制图像建立标题，如 mlab.title(*args, **kwargs)

2. 操作管线对象窗口的 API 函数

mlab 管线控制函数的调用形式为 mlab.pipeline.function()，function 是 sources（数据源）、filters（用于数据变换）、modules（用于可视化）等类型的函数。通过使用操作管线对象窗口的 API 函数，可以获得 Mayavi 管线的各个基本对象以及主视窗和 UI 对象，如表 4.11 所示。

表 4.11　Mayavi API

类别	说明
管线基础对象	scene()、source()、filter()、modulemanager()、module()、pipelinebase()、engine()
主视窗和 UI 对象	decoratedScene()、mayaviscene()、sceneeditor()、mlabscenemodel()、engineview()、enginerichview()

管线对象基类的 API 引用如表 4.12～表 4.17 所示。

表 4.12　Scene 库函数

函数	说明
on_mouse_pick(callback, type="point", button="left", remove=False)	提供鼠标响应操作
remove()	从 Mayavi 管线中移除
remove_child(child)	移除特定的子对象
start()	当这个对象被添加到 Mayavi 管线时调用
stop()	当这个对象从 Mayavi 管线中移除时调用
tno_can_add(node, add_object)	返回给定对象是否可在结点上放置
tno_drop_object(node, dropped_object)	返回指定对象的可移除版本

表 4.13　Sources 库函数

函数	说明
grid_source()	建立二维网格数据
add_child(child)	此方法智能地在 Mayavi 管线中向此对象添加一个子对象
add_module(module)	创建一个新的 ModuleManager，然后将模块添加到其中。如果没有，则将模块添加到第一个可用的 ModuleManager 实例中
save_output(**kw)	将输出（默认情况下是第一个输出）保存到指定的文件名作为 VTK 文件
line_source	建立线数据
open()	打开一个数据文件
scalar_field()	建立标量场数据
vector_field()	建立矢量场数据
volume_field()	建立体数据

表 4.14　Filters 库函数

函数	说明
setup_pipeline()	当通过 _unit_ 初始化对象时调用此方法
update_data()	当任何输入发送 data_changed 事件时（自动）调用此方法
update_pipeline()	当输入触发 pipeline_changed 事件时（自动）调用此方法
contour()	对输入数据集计算等值面
cut_plane()	对数据进行切面计算，可以交互地更改和移动切面
delaunay2D()	执行二维 Delaunay 三角化
delaunay3D()	执行三维 Delaunay 三角化
extract_grid()	允许用户选择结构化网格的一部分数据
extract_vector_norm()	计算数据矢量的法向量，特别用于计算矢量数据的梯度时
mask_points()	对输入数据进行采样

续表

函数	说明
threshold()	取一定阈值范围内的数据
transform_data()	对输入数据执行线性变换
tube()	将线转成管线

表 4.15　Modules 库函数

函数	说明
tno_allows_children(node)	返回是否允许此对象的子对象
tno_get_children(node)	获取对象的子对象
glyph()	对输入点绘制不同类型的符号，符号的颜色和方向由该点的标量和向量数据决定
iso_surface()	对输入数据绘制等值面
outline()	对输入数据绘制外轮廓
scalar_cut_plane()	对输入的标量数据绘制特定位置的切平面
streamline()	对输入矢量数据绘制流线
surface()	对数据（ktv dataset、Mayavi sources）建立外表面
text()	绘制一段文本
vector_cut_plane()	对输入的矢量数据绘制特定位置的切平面
volume()	表示对标量场数据进行体绘制

表 4.16　PipelineBase 库函数

函数	说明
add_actors()	将 self.actors 添加到场景中，通常在使用 start()函数时调用
configure_connection(obj, inp)	为 VTK 管线 obj 配置拓扑
configure_input(inp, op)	使用 op 配置 inp
configure_input_data(obj, data)	为 VTK 管线对象 obj 配置输入数据
configure_source_data(obj, data)	配置 VTK 管线对象 obj 的源数据
get_output_dataset()	返回此对象的输出数据集
get_output_object()	返回第一个输出
has_output_port()	假设不存在 output_port
remove_actors()	从场景中移除 self.actors，通常在使用 stop()函数时调用
render()	当这个对象被添加到 Mayavi 管线时调用。请注意，当调用 start()函数时，应该已经设置了管线的所有其他信息

表 4.17　Engine 库函数

函数	说明
add_filter(**kw)	在适当的点向管线添加过滤器。将其添加到所选对象，或添加到作为 kwarg obj 传递的对象
add_module(**kw)	在适当的点向管线添加模块。将其添加到选定对象，或添加到通过 kwarg obj 的对象
add_scene(scene, name=None)	将给定的场景（pyface.tvtk.scenes.cene 实例）添加到 Mayavi 引擎中，以便 Mayavi 能够管理场景。这是在用户创建场景时使用的

续表

函数	说明
add_source(**kw)	将源添加到管线。除非场景关键字参数中给出了场景，否则使用当前场景
close_scene(**kw)	给定一个从 new_scene 创建的场景，将关闭它并从现在管理的场景列表中删除该场景
dialog_view()	Engine 对象的默认对话框视图
get_viewer(scene)	返回与给定场景关联的检查器
load_visualization(**kw)	给定一个文件/文件名，加载可视化
new_scene(**kw)	创建或管理新的 VTK 场景窗口。如果未提供检查器参数，则该方法使用 self.scene_factory 创建一个新检查器。如果 self.scene_factory 是 None，那么它会创建一个 IVTK 查看器。因此要求检查器具有场景属性/特征，即 pyface.tvtk.scene.Scene
open(**kw)	如果可能，在当前场景或传递的场景中打开给定文件名的文件
record(msg)	这是一种将消息记录到脚本记录器上的方便方法
save_visualization(**kw)	给定文件或文件名，这会将当前的可视化保存到文件中
start()	当插件实际启动时，将被插件调用

当启动 Mayavi 2 应用程序时，Mayavi 2 将提供一个类似图 4.13 所示的用户界面，UI 布局如表 4.18 所示，可通过在终端输入 Mayavi 2 打开界面。

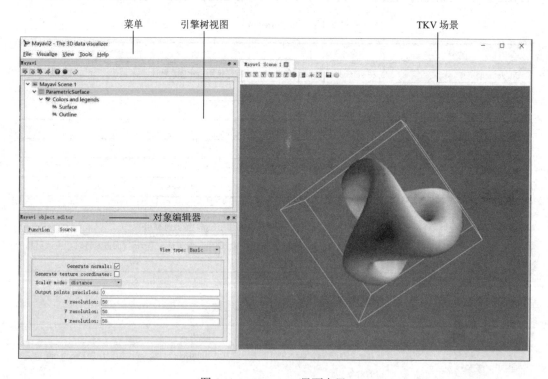

图 4.13　Mayavi UI 界面布局

表 4.18　Mayavi UI 布局

菜单	说明
Mayavi 管线树视图	在树结点上单击鼠标右键以重命名、删除和复制对象。在结点上单击，在树下方的对象编辑器中编辑其属性。可以在树上拖动结点。例如，可以将模块从一组模块拖动到另一组模块，或将可视化从一个场景移动到另一个场景
对象编辑器	单击管线上的对象时，可以在此处更改 Mayavi 管线对象的属性
Mayavi 场景	这就是数据可视化的地方。可以通过鼠标和键盘与该场景交互
Python 解释器	内置 Python 解释器，可用于编写 Mayavi 脚本和执行其他操作。可以从 Mayavi 树中拖动结点并将其放到解释器上，然后为结点表示的对象编写脚本
记录器	显示应用程序日志消息

4.3　绘制类氢原子和 H_2O 分子

4.3.1　绘制类氢原子

1. 简介

本节显示一个原子轨道的范数和相位，使用轮廓滤波器来提取复杂场范数的等值面，并用颜色图显示场的相位。这里选择绘制的场是类氢原子 3Py 原子轨道的简化版本，如图 4.14 所示。

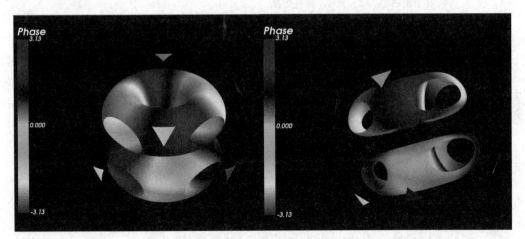

图 4.14　类氢原子的轨道的范数和相位

类氢原子是只拥有一个电子的原子，与氢原子同为等电子体，例如，He^+、Li^{2+}、Be^{3+} 与 B^{4+} 等都是类氢原子，又称为"类氢离子"。类氢原子只含有一个原子核与一个电子，是个简单的二体系统，系统内的作用力只跟二体之间的距离有关。描述该系统的（非相对论性的）薛定谔方程式有解析解，也就是说，解答能以有限数量的常见函数来表达。

2. 操作步骤

首先，创建具有两个标量数据集的数据源；然后，应用过滤器和模块来选择这些应用的数据。

```
# 创建数据
import numpy as np
x, y, z = np.ogrid[- .5:.5:200j, - .5:.5:200j, - .5:.5:200j]
r = np.sqrt(x ** 2 + y ** 2 + z ** 2)
# 使用广义拉格朗日多项式
L = - r ** 3 / 6 + 5. / 2 * r ** 2 - 10 * r + 6
# 在计算机图形学中，球面谐波是光照信息的载体，即球体上的图像展现，是一个频率-空
# 间的表现。通过在 SH 文件中进行预计算，然后在渲染过程中诠释得到的信息。这里使用
# 球面谐波函数，致力于复原更多频段或者级别的细节
Y = (x + y * 1j) ** 2 * z / r ** 3
Phi = L * Y * np.exp(- r) * r ** 2
# 开始画图，设置背景色
from mayavi import mlab
mlab.figure(1, fgcolor=(1, 1, 1), bgcolor=(0, 0, 0))
# 创建一个标量场，以 Phi 的模块为标量
src = mlab.pipeline.scalar_field(np.abs(Phi))
# 将 Phi 的相位添加为一个额外的数组
src.image_data.point_data.add_array(np.angle(Phi).T.ravel())
# 将新数据集命名为 angle，并且更新
src.image_data.point_data.get_array(1).name = 'angle'
src.update()
# 使用 set_active_attribute 过滤器来选择这些应用的数据，这里选择"标量"属性，
# 即 Phi 的范数
src2 = mlab.pipeline.set_active_attribute(src, point_scalars='scalar')
# 切割范数的等值面
contour = mlab.pipeline.contour(src2)
# 选择'angle'属性，即 Phi 的范数
contour2 = mlab.pipeline.set_active_attribute(contour, point_scalars=
            'angle')
# 用现有的颜色将图像显示出来
mlab.pipeline.surface(contour2, colormap='hsv')
mlab.colorbar(title='Phase', orientation='vertical', nb_labels=3)
mlab.show()
```

4.3.2 绘制 H_2O 分子

1. 简介

本节显示 H_2O 分子，并使用体绘制来显示电子局域化函数，如图 4.15 所示。原子和边界使用 mlab.points3d 和 mlab.plot3d 来显示，用标量信息来控制颜色。充分利用

mlab.pipeline.volume 的 vmin 和 vmax 参数对于实现良好的可视化至关重要：vmin 阈值应设置得足够高以使特征脱颖而出。电子局域函数源于本文，作者定义了一个电子局域密度函数（electron localization function，ELF），以此来表征电子的局域化分布特征。优点是无须计算局域分子轨道，计算量较小。

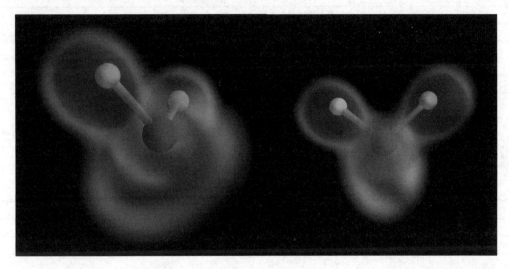

图 4.15　H_2O 分子

2.　准备工作

（1）mlab.points3d()
基于 NumPy 数组 x、y、z 提供的三维点坐标，绘制点图形（0D 数据）。
函数形式：

```
points3d(x, y, z, …)
points3d(x, y, z, s, …)
points3d(x, y, z, f, …)
```

其中，x、y、z 表示 NumPy 数组、列表或者其他形式的点三维坐标，s 表示在该坐标点处的标量值，f 表示通过函数 f(x,y,z)返回的标量值，参数如表 4.19 所示。

表 4.19　mlab.points3d()参数

参数	说明
color	VTK 对象的颜色，定义为(0,1)的三元组
colormap	colormap 的类型，如 Reds、Blues、Copper 等
extent	x、y、z 数组范围[xmin,xmax,ymin,ymax,zmin,zmax]
figure	画图
line_width	线的宽度，该值为 float 型，默认为 0.2
mask_points	减少/降低大规模点数据集的数量
mode	符号的模式，如 2darrow、2dcircle、arrow、cone 等
name	VTK 对象名字

续表

参数	说明
opcity	VTK 对象的整体透明度，该值为 float 型，默认为 1.0
reset_zoom	对新加入场景数据的放缩进行重置，默认为 True
resolution	符号的分辨率，如球体的细分数，该值为整型，默认为 8
scale_factor	符号放缩的比例
scale_mode	符号的放缩模式，如 vector、scalar、none
transparent	根据标量值确定 actor 的透明度
vmax	对 colormap 放缩的最大值
vmin	对 colormap 放缩的最小值

（2）mlab.plot3d()

基于一维 NumPy 数组 x、y、z 提供的三维坐标数据，绘制线图形（1D 数据），参数如表 4.20 所示。

表 4.20　mlab.plot3d()参数

参数	说明
tube_radius	线管的半径，用于描述线的粗细
tube_sides	表示线的分段数，该值为整型，默认为 6

函数形式：

```
plot3d(x,y,z,…)
plot3d(x,y,z,s,…)
```

其中，x,y,z 表示 NumPy 数组或列表，给出了线上连续的点的位置；s 表示在该坐标点处的标量值。

3. 操作步骤

```
# 首先，检索 H2O 分子的电子定位数据
import os
if not os.path.exists('H2O-elf.cube'):
# 下载数据，H2O_elf.cube 是包含 ELF 函数的多维数据集文件
    try:
        from urllib import urlopen
    except importerror:
        from urllib.request import urlopen
    print('downloading data, please wait')
    opener = urlopen('http://code.enthought.com/projects/mayavi/
                data/h2o-elf.cube')
    open('H2O-elf.cube', 'wb').write(opener.read())
# 然后绘制原子和边界
import numpy as np
from mayavi import mlab
```

```
mlab.figure(1, bgcolor=(0, 0, 0), size=(350, 350))
mlab.clf()

# 原子的位置
atoms_x = np.array([2.9, 2.9, 3.8]) * 40 / 5.5
atoms_y = np.array([3.0, 3.0, 3.0]) * 40 / 5.5
atoms_z = np.array([3.8, 2.9, 2.7]) * 40 / 5.5
O = mlab.points3d(atoms_x[1:-1], atoms_y[1:-1], atoms_z[1:-1],scale_
    factor=3, resolution=20, color=(1, 0, 0), scale_mode='none')
H1 = mlab.points3d(atoms_x[:1], atoms_y[:1], atoms_z[:1], scale_
    factor=2,resolution=20, color=(1, 1, 1), scale_mode='none')
H2 = mlab.points3d(atoms_x[-1:], atoms_y[-1:], atoms_z[-1:], scale_
    factor=2, resolution=20, color=(1, 1, 1), scale_mode='none')
# 最后显示电子局域函数, 加载数据时需要删除前 8 行和 "\n"
str = ' '.join(open('H₂O-elf.cube').readlines()[9:])
data = np.fromstring(str, sep=' ')
data.shape = (40, 40, 40)
source = mlab.pipeline.scalar_field(data)
min = data.min()
max = data.max()
vol = mlab.pipeline.volume(source, vmin=min + 0.65 * (max - min),
    vmax=min + 0.9 * (max - min))
mlab.view(132, 54, 45, [21, 20, 21.5])
mlab.show()
```

4.4　基于 Mayavi 的磁力线和磁场绘制

4.4.1　绘制磁力线

本节使用流线型模块显示磁偶极子（电流回路）的场线，如图 4.16 所示。本例运行之前需要安装模块：pip install Scipy。

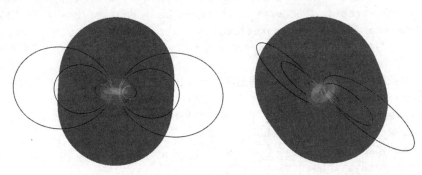

图 4.16　磁力线

利用激光束与一对反亥姆霍兹线圈（anti-Helmholtz coils）所产生的不均匀磁场，可将中性原子囚禁于某空间范围中，并同时将原子冷却至极低的温度，就是所谓的磁光阱（magneto-optical trap，MOT），由华裔著名科学家朱棣文于 1986 年首先实现。磁光阱的主要特点是，能同时起到冷却和囚禁原子的作用，其势阱相对较深，能捕获速度相对较快的原子，对激光束方向扰动和激光偏振度缺陷的敏感程度较光势阱低。在 MOT 中捕获的原子受到来自反向传播激光的相反辐射压力。在一个简单的一维两级原子多普勒冷却模型中，合力的表达式为

$$F_{\text{MOT}} = \frac{\hbar \Gamma k_{\text{MOT}}}{2} \left(\frac{s_0}{1+s_0+\Delta_+^2} - \frac{s_0}{1+s_0+\Delta_-^2} \right)$$

$$\Delta_\pm = \frac{x}{x_0} - \frac{v}{v_0} \mp \Delta_0$$

$$\begin{cases} x_0 = \frac{\Gamma}{2} \frac{1}{\mu B_x} \\ v_0 = \frac{\Gamma}{2} \frac{2\pi}{k} \end{cases}$$

其中，x_0 和 v_0 是由磁场梯度和多普勒频移给出的典型位置和速度标度。

```python
import numpy as np
from scipy import special
# 计算场
radius = 1          # 线圈半径
x, y, z = [e.astype(np.float32) for e in
            np.ogrid[-10:10:150j, -10:10:150j, -10:10:150j]]
# 以极坐标形式表示坐标
rho = np.sqrt(x ** 2 + y ** 2)
x_proj = x / rho
y_proj = y / rho
# 提前释放内存
del x, y
E = special.ellipe((4 * radius * rho) / ((radius + rho) ** 2 + z ** 2))
K = special.ellipk((4 * radius * rho) / ((radius + rho) ** 2 + z ** 2))
Bz = 1 / np.sqrt((radius + rho) ** 2 + z ** 2) * (K+ E * (radius **
    2 - rho ** 2 - z ** 2) / ((radius - rho) ** 2 + z ** 2))
Brho = z / (rho * np.sqrt((radius + rho) ** 2 + z ** 2)) * (- K + E *
        (radius ** 2 + rho ** 2 + z ** 2) / ((radius - rho) ** 2 + z ** 2))
        del E, K, z, rho
# 在线圈的轴上，我们除以零，将返回一个 NaN，该字段实际上为零
Brho[np.isnan(Brho)] = 0
Bx, By = x_proj * Brho, y_proj * Brho
del x_proj, y_proj, Brho
# 可视化区域
from mayavi import mlab
fig = mlab.figure(1, size=(400, 400), bgcolor=(1, 1, 1), fgcolor=
```

```
        (0, 0, 0))
field = mlab.pipeline.vector_field(Bx, By, Bz)
# 由于上面调用了创建的副本，所以删除该副本释放内存
del Bx, By, Bz
magnitude = mlab.pipeline.extract_vector_norm(field)
contours = mlab.pipeline.iso_surface(magnitude, contours=[0.01, 0.8,
         3.8, ], transparent=True, opacity=0.4, colormap='YlGnBu',
         vmin=0, vmax=2)
field_lines = mlab.pipeline.streamline(magnitude, seedtype='line',
            integration_direction='both', colormap='bone',vmin=0,
            vmax=1)
# 微调回流线
field_lines.stream_tracer.maximum_propagation = 100
field_lines.seed.widget.point1 = [69, 75.5, 75.5]
field_lines.seed.widget.point2 = [82, 75.5, 75.5]
field_lines.seed.widget.resolution = 50
field_lines.seed.widget.enabled = False
mlab.view(42, 73, 104, [79, 75, 76])
mlab.show()
```

4.4.2　绘制磁场

　　本节是一个混合数值计算和三维可视化的实例，由任意数量的电流回路产生的磁场如图 4.17 所示。本示例的目的是展示如何将 Mayavi 与 SciPy 结合使用，以调试并理解物理和电磁学计算。使用精确的公式，线圈以合成曲线在 3D 中绘制磁场视图。使用矢量剖切面是因为其可以实现良好的磁场检查。

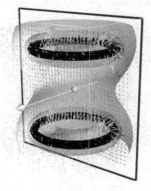

图 4.17　磁场

```
import numpy as np
from scipy import special
from mayavi import mlab
# 通过函数计算电流回路产生的磁场
def base_vectors(n):
```

```python
    n = n / (n**2).sum(axis=-1)
# 选择垂直于 n 的两个向量，由于线圈是关于 n 对称的，所以可以任意选择
    if  np.abs(n[0])==1 :
        l = np.r_[n[2], 0, -n[0]]
    else:
        l = np.r_[0, n[2], -n[1]]
    l = l / (l**2).sum(axis=-1)
    m = np.cross(n, l)
    return n, l, m
def magnetic_field(r, n, r0, R):
    n, l, m = base_vectors(n)              # 平移线圈框架中的坐标
    trans = np.vstack((l, m, n))           # 转换矩阵线圈框架到实验室框架
    inv_trans = np.linalg.inv(trans)       # 转换矩阵实验室框架到线圈框架
    r = r - r0                             # 线圈中心的点位置
    r = np.dot(r, inv_trans)               # 将矢量转换为线圈框架

# 计算场，以极坐标形式表示坐标
    x = r[:, 0]
    y = r[:, 1]
    z = r[:, 2]
    rho = np.sqrt(x**2 + y**2)
    theta = np.arctan(x/y)
    theta[y==0] = 0
    E = special.ellipe((4 * R * rho)/( (R + rho)**2 + z**2))
    K = special.ellipk((4 * R * rho)/( (R + rho)**2 + z**2))
    Bz = 1/np.sqrt((R + rho)**2 + z**2) * (K+
        E * (R**2 - rho**2 - z**2)/((R - rho)**2 + z**2))
    Brho = z/(rho*np.sqrt((R + rho)**2 + z**2)) * (-K+
        E * (R**2 + rho**2 + z**2)/((R - rho)**2 + z**2))
# 在线圈的轴上，得到 a 除以零的结果。这将返回一个 NaN，其中字段实际上为零
    Brho[np.isnan(Brho)] = 0
    Brho[np.isinf(Brho)] = 0
    Bz[np.isnan(Bz)]   = 0
    Bz[np.isinf(Bz)]   = 0
    B = np.c_[np.cos(theta)*Brho, np.sin(theta)*Brho, Bz ]
# 将场旋转回实验的框架中
    B = np.dot(B, trans)
    return B
# 在 3D 视图中显示线圈。如果 half 为 True，则仅显示线圈的一半
def display_coil(n, r0, R, half=False):
    n, l, m = base_vectors(n)
    theta = np.linspace(0, (2-half)*np.pi, 30)
```

```
    theta = theta[..., np.newaxis]
    coil = np.atleast_1d(R)*(np.sin(theta)*l + np.cos(theta)*m)
    coil += r0
    coil_x = coil[:, 0]
    coil_y = coil[:, 1]
    coil_z = coil[:, 2]
    mlab.plot3d(coil_x, coil_y, coil_z,
            tube_radius=0.01,
            name='Coil %i' % display_coil.num,
            color=(0, 0, 0))
    display_coil.num += 1
    return coil_x, coil_y, coil_z
display_coil.num = 0


# 在其上计算场中点的网格
X, Y, Z = np.mgrid[-0.15:0.15:31j, -0.15:0.15:31j, -0.15:0.15:31j]
# 避免四舍五入
f = 1e4                              # 给出想要的精度
X = np.round(X * f) / f
Y = np.round(Y * f) / f
Z = np.round(Z * f) / f
r = np.c_[X.ravel(), Y.ravel(), Z.ravel()]
# 线圈位置
r0 = np.r_[0, 0, 0.1]                # 线圈中心
n = np.r_[0, 0, 1]                   # 线圈的法线
R = 0.1                              # 半径
# 添加此线圈相对于 xy 平面的镜像
r0 = np.vstack((r0, -r0 ))
R = np.r_[R, R]
n = np.vstack((n, n))                # Helmoltz 的构造
# 计算场
B = np.empty_like(r)                 # 首先为场向量初始化一个容器矩阵
for this_n, this_r0, this_R in zip(n, r0, R):
                                     # 然后循环遍历不同的线圈并对场求和
    this_n = np.array(this_n)
    this_r0 = np.array(this_r0)
    this_R = np.array(this_R)
    B += magnetic_field(r, this_n, this_r0, this_R)
Bx = B[:, 0]
By = B[:, 1]
Bz = B[:, 2]
Bx.shape = X.shape
```

```
By.shape = Y.shape
Bz.shape = Z.shape
Bnorm = np.sqrt(Bx**2 + By**2 + Bz**2)

# 可视化，对数据进行阈值处理，因为阈值过滤器产生的数据结构与等值面的提取效率低
Bmax = 100
Bx[Bnorm > Bmax] = 0
By[Bnorm > Bmax] = 0
Bz[Bnorm > Bmax] = 0
Bnorm[Bnorm > Bmax] = Bmax
mlab.figure(1, bgcolor=(1, 1, 1), fgcolor=(0.5, 0.5, 0.5), size=
            (480, 480))
mlab.clf()
for this_n, this_r0, this_R in zip(n, r0, R):
    display_coil(this_n, this_r0, this_R)
field = mlab.pipeline.vector_field(X, Y, Z, Bx, By, Bz, scalars=Bnorm,
                                   name='B field')
vectors = mlab.pipeline.vectors(field, scale_factor=(X[1, 0, 0] - X[0,
                                0, 0]), )
# 屏蔽随机点，以获得更清晰的可视化
vectors.glyph.mask_input_points = True
vectors.glyph.mask_points.on_ratio = 6
vcp = mlab.pipeline.vector_cut_plane(field)
vcp.glyph.glyph.scale_factor=5*(X[1, 0, 0] - X[0, 0, 0])
# 获得更漂亮的图片
# vcp.implicit_plane.widget.enabled = False
iso = mlab.pipeline.iso_surface(field, contours=[0.1*Bmax, 0.4*Bmax],
                                opacity=0.6, colormap='YlOrRd')
# 剔除正面使透明度看起来更好
iso.actor.property.frontface_culling = True
mlab.view(39, 74, 0.59, [.008, .0007, -.005])
mlab.show()
```

4.5　基于 Mayavi 的蛋白质图结构绘制

1. 简介

本节用标准 pdb（proteindata base）格式从蛋白质数据库下载蛋白质的图结构，然后将其可视化，如图 4.18 所示。先对 pdb 文件进行解析，但只提取非常少量的数据信息：原子的类型、位置以及它们之间的链接。本节的大部分复杂性来自将 pdb 信息转换为 3D 位置列表的代码（http://mmcif.pdb.org/dictionaries/pdb-correspondence/pdb2mmcif.html），

以及相关的标量和连接信息。

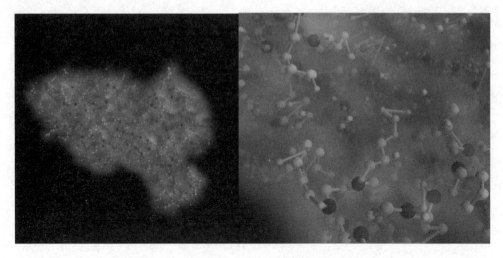

图 4.18　蛋白质图结构

这里为原子指定一个标量值来区分不同类型的原子，但它并不对应于原子质量。因此，可视化上原子的大小和颜色在化学上并不重要。原子使用 mlab.points3d()绘制，原子之间的连接添加到数据集，并使用曲面模块可视化。图形是通过向点添加连接信息创建的。为此，每个点由其编号指定（按照传递给 mlab.points3d()的数组的顺序），并构造由这些编号成对组成的连接数组。为了可视化局部原子密度，使用高斯滤波器构建连续密度场的核密度估计：每个点由高斯核卷积，这些高斯核的总和形成最终的密度场，然后使用体绘制将此字段可视化。

2. 准备工作

在生物学软件中，一般把蛋白质的三维结构信息用 pdb 文件保存。pdb 文件本质是一种 ASCII 文件，存储在 pdb 文件中的命名结点图表示到基于索引的连接对，需要进行一些稍微烦琐的数据操作。

3. 操作步骤

```
# 蛋白质的 pdb 编码
protein_code = '2q09'
# 从蛋白质数据库中检索文件
import os
if not os.path.exists('pdb%s.ent.gz' % protein_code):
# 下载数据
    try:
        from urllib import urlopen
    except ImportError:
        from urllib.request import urlopen
```

```python
        print('Downloading protein data, please wait')
        opener = urlopen(
            'ftp://ftp.wwpdb.org/pub/pdb/data/structures/divided/pdb/q0/
pdb%s.ent.gz'
            % protein_code)
        open('pdb%s.ent.gz' % protein_code, 'wb').write(opener.read())


# 解析 pdb 文件
infile=open("pdb2q09.ent",'r',encoding="utf-8")
# 用关联结点与键（数字）和边（结点键对）的字典表示图
nodes = dict()
edges = list()
atoms = set()
# 根据 pdb 信息构建图形
last_atom_label = None
last_chain_label = None
for line in infile:
    line = line.split()
    if line[0] in ('ATOM', 'HETATM'):
        nodes[line[1]] = (line[2], line[6], line[7], line[8])
        atoms.add(line[2])
        chain_label = line[5]
        if chain_label == last_chain_label:
            edges.append((line[1], last_atom_label))
        last_atom_label = line[1]
        last_chain_label = chain_label
    elif line[0] == 'CONECT':
        for start, stop in zip(line[1:-1], line[2:]):
            edges.append((start, stop))
atoms = list(atoms)
atoms.sort()
atoms = dict(zip(atoms, range(len(atoms))))


# 将图形转换为三维位置和连接列表
labels = dict()
x = list()
y = list()
z = list()
scalars = list()
for index, label in enumerate(nodes):
    labels[label] = index
    this_scalar, this_x, this_y, this_z = nodes[label]
```

```
        scalars.append(atoms[this_scalar])
        x.append(float(this_x))
        y.append(float(this_y))
        z.append(float(this_z))
connections = list()
for start, stop in edges:
    connections.append((labels[start], labels[stop]))
import numpy as np
x = np.array(x)
y = np.array(y)
z = np.array(z)
scalars = np.array(scalars)


# 数据可视化
from mayavi import mlab
mlab.figure(1, bgcolor=(0, 0, 0))
mlab.clf()
pts = mlab.points3d(x, y, z, 1.5 * scalars.max() - scalars,scale_
                    factor=0.015, resolution=10)
pts.mlab_source.dataset.lines = np.array(connections)
# 使用管道拟合器在链接上绘制管道，根据标量值改变半径
tube = mlab.pipeline.tube(pts, tube_radius=0.15)
tube.filter.radius_factor = 1.
tube.filter.vary_radius = 'vary_radius_by_scalar'
mlab.pipeline.surface(tube, color=(0.8, 0.8, 0))
# 将局部原子密度可视化
mlab.pipeline.volume(mlab.pipeline.gaussian_splatter(pts))
mlab.view(49, 31.5, 52.8, (4.2, 37.3, 20.6))
mlab.show()
```

第 5 章　Python 机器学习应用

机器学习算法主要是指运用大量的统计学原理来求解最优化问题的步骤和过程。选用适当的机器学习算法可以更高效地解决一些实际问题。通过本章的学习,读者可以了解基本的机器学习原理及算法,学习利用机器学习算法解决应用问题,掌握 sklearn 库中常用机器学习算法的基本调用方法。

5.1　机器学习简介

机器学习是一门多学科交叉专业,涵盖概率论知识、统计学知识、近似理论知识和复杂算法知识,使用计算机作为工具并致力于模拟人类学习方式,并将现有内容进行知识结构划分来有效提高学习效率。

简单地说,机器学习是利用数据或以往的经验来优化、改善计算机程序的性能。如图 5.1 所示,以猫、狗图片识别为例,将大量的猫、狗图片作为训练数据,每张图都有对应的图像标签,提取图像特征(颜色、形状或纹理等)并导入预测模型中,预测模型通过数学模型对特征进行计算,得到一个预测结果,然后通过预测结果和真实标签计算损失,利用损失调整数学模型参数,这样不断迭代训练直到预测结果和真实标签差异最小,模型训练完成。这个模型就是机器学习的目标。

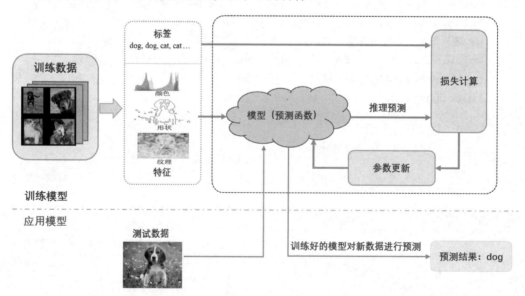

图 5.1　机器学习的工作原理

从机器学习的工作原理中可以看出机器学习的 4 个关键因素:数据、模型、损失函数、训练。数据通称数据集，包括图片、文本、声音、结构数据（文本、图片和代码、网页、租车单和电费表）等。模型包括决策树、朴素贝叶斯及支持向量机等经典算法。在本章中，模型、损失函数和训练 3 个步骤由机器学习库 Scikit-learn 提供的封装函数完成。

采用机器学习技术解决实际应用问题的开发步骤如图 5.2 所示。

图 5.2　机器学习应用开发步骤

按照现在主流的分类方式，可以根据训练样本及反馈方式的不同，将机器学习算法分为监督学习、无监督学习和强化学习 3 种类型。其中监督学习是机器学习这 3 个分支中最大和最重要的分支。

1. 监督学习

在监督学习中，训练集中的样本都是有标签的。在表 5.1 所示鸟物种分类中，前 4 列为不同鸟类的 4 个属性值，可以将其称为特征值，第 5 列为鸟类的种属，可作为数据标签。使用有标签数据样本进行模型训练，从而使模型产生一个推断功能，能够正确映射出新的未知数据，获得新的知识或技能。

表 5.1　基于 4 种特征的鸟物种分类（有标签）

体重/g	翼展/cm	脚蹼	后背颜色	种属
3000.7	200.0	无	灰色	鹭鹰
3300.0	220.3	无	灰色	鹭鹰
4100.0	136.0	有	黑色	普通潜鸟
3.0	11.0	无	绿色	瑰丽蜂鸟
570.0	75.0	无	黑色	象牙喙啄木鸟

根据标签类型的不同，可以将监督学习分为分类问题和回归问题两种。分类预测的是样本类别（离散的），如给定鸟类的体重、翼展、脚蹼和后背颜色，然后判断其种类；回归预测的则是样本对应的实数输出（连续的），如预测某一时期一个地区的降水量。常见的监督学习算法包括决策树、朴素贝叶斯及支持向量机等。

2. 无监督学习

无监督学习与监督学习相反，训练集的样本是完全没有标签的，表 5.2 所示为基于 4 种特征的鸟物种。无监督学习按照解决的问题不同，可以分为关联分析、聚类问题和维度约减 3 种。

表 5.2　基于 4 种特征的鸟物种（无标签）

体重/g	翼展/cm	脚蹼	后背颜色
3000.7	200.0	无	灰色
3300.0	220.3	无	灰色
4100.0	136.0	有	黑色
3.0	11.0	无	绿色
570.0	75.0	无	黑色

关联分析是指通过不同样本同时出现的概率，发现样本之间的联系和关系。这被广泛应用于购物篮分析中。例如，如果发现购买泡面的顾客有 80%的概率买啤酒，那么商家就会把啤酒和泡面放在邻近的货架上。

聚类问题是指将数据集中的样本分成若干个簇，相同类型的样本被划分为一个簇。聚类问题与分类问题的关键区别就在于训练集样本没有标签，预先不知道类别。

维度约减是指保证数据集不丢失有意义的信息的同时减少数据的维度。利用特征选择和特征提取两种方法都可以取得这种效果，前者是指选择原始变量的子集，后者是指将数据由高维度转换到低维度。

无监督学习与人类的学习方式更为相似，被誉为人工智能最有价值的方法。常见的无监督学习算法包括稀疏自编码、主成分分析及 k 均值等。

3.　强化学习

强化学习是从动物行为研究和优化控制两个领域发展而来的。强化学习和无监督学习一样都是使用未标记的训练集，其算法基本原理是：环境对 Agent（软件智能体）的某个行为策略发出奖赏或惩罚的信号，Agent 要使每个离散状态期望的奖赏都最大，从而根据信号来增加或减少以后产生这个行为策略的趋势。

强化学习这一方法背后的数学原理与监督/无监督学习略有差异。监督/无监督学习更多地应用了统计学知识，而强化学习更多地应用了离散数学、随机过程等这些数学方法。常见的强化学习算法包括 Q-学习算法、瞬时差分法、自适应启发评价算法等。

5.2　机器学习库 Scikit-learn

Scikit-learn（http://scikit-learn.org/stable/）是一个 Python 的机器学习库，广泛使用 NumPy 进行高性能的线性代数和数组运算，是一个简单高效的数据挖掘和数据分析工具。基于 NumPy、SciPy 和 Matplotlib 构建。Scikit-learn 简称 sklearn，它集成了一些常用的机器学习方法，在进行机器学习任务时，并不需要实现算法，只需要简单地调用 sklearn 库中提供的模块就能完成大多数的机器学习任务。

1.　sklearn 安装

sklearn 库是在 NumPy、SciPy 和 Matplotlib 的基础上开发而成的，在安装 sklearn 之

前，需要先安装这些依赖库。具体安装步骤如下。

1）进入命令提示符界面。

2）输入命令"pip install scikit-learn"。

执行安装命令的过程如图 5.3 所示。

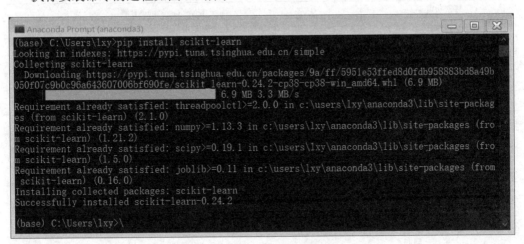

图 5.3　Scikit-learn 库的安装过程

2. sklearn 库的标准数据集

数据是机器学习技术的关键因素之一，sklearn 库提供了一些标准的数据集，如表 5.3 所示。用户可以通过相应的调用方式下载这些数据集。

表 5.3　sklearn 库的标准数据集

	数据集名称	调用方式	适用算法	数据规模
小数据集	波士顿房价数据集	load_boston()	回归	506×13
	鸢尾花数据集	load_iris()	分类	150×4
	糖尿病数据集	load_diabetes()	回归	442×10
	手写数字数据集	load_digits()	分类	5620×64
大数据集	Olivetti 脸部图像数据集	fetch_olivetti_faces()	降维	400×64×64
	新闻分类数据集	fetch_20newsgroups()	分类	—
	带标签的人脸数据集	fetch_lfw_people()	分类；降维	—
	路透社新闻语料数据集	fetch_rcv1()	分类	804414×47236

3. sklearn 库的基本功能

sklearn 库的基本功能主要分为六大部分，即数据预处理、回归、聚类、数据降维、分类和模型选择，如表 5.4～表 5.7 所示。sklearn 库整合了多种机器学习算法，可以帮助使用者在使用过程中快速建立模型，且模型接口统一，使用起来非常方便。

表 5.4　分类任务

分类模型	加载模块
最近邻算法	neighbors.NearestNeighbors
支持向量机	svm.SVC
朴素贝叶斯	naive_bayes.GaussianNB
决策树	tree.DecisionTreeClassifier
集成方法	ensemble.BaggingClassifier
神经网络	neural_network.MLPClassifier

表 5.5　回归任务

回归模型	加载模块
岭回归	linear_model.Ridge
Lasso 回归	linear_model.Lasso
弹性网络	linear_model.ElasticNet
最小角回归	linear_model.Lars
贝叶斯回归	linear_model.BayesianRidge
逻辑回归	linear_model.LogisticRegression
多项式回归	preprocessing. PolynomialFeatures

表 5.6　聚类任务

聚类方法	加载模块
K-Means	cluster.KMeans
AP 聚类	cluster.AffinityPropagation
均值漂移	cluster.MeanShift
层次聚类	cluster.AgglomerativeClustering
DBSCAN	cluster.DBSCAN
BIRCH	cluster.Birch
谱聚类	cluster.SpectralClustering

表 5.7　降维任务

降维方法	加载模块
主成分分析	decomposition.PCA
截断 SVD 和 LSA	decomposition.TruncatedSVD
字典学习	decomposition.SparseCoder
因子分析	decomposition.FactorAnalysis
独立成分分析	decomposition.FastICA
非负矩阵分解	decomposition.NMF
LDA	decomposition.LatentDirichletAllocation

5.3　机器学习算法原理及应用

机器学习是人工智能领域中发展较快的分支之一，经过了近 40 年的发展，从主流为符号机器学习发展到主流为统计机器学习，诞生了众多经典的机器学习算法。本节列举了有代表性的一部分经典算法进行描述，使读者对机器学习有所了解。

5.3.1　k-最近邻分类法

k-最近邻分类法（k-nearest neighbor），简称 kNN。kNN 算法的工作原理如图 5.4 所示。数据样本集中每个样本都有标签，即已知每个样本集中数据所属的类别，算法计算待分类数据点与数据集中所有数据点的距离并排序，取距离最小的前 k 个点，根据"少数服从多数"的原则，将这个数据点划分为 k 个点中出现次数最多的那个类别。

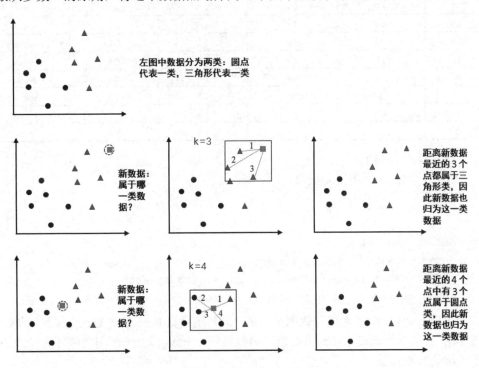

图 5.4　kNN 算法的工作原理

例 5.1　基于 kNN 的鸢尾花品种的预测。

如图 5.5 所示，本例希望 kNN 模型通过图中所示的鸢尾花特征值预测出其所属品种。

花萼长度	花萼宽度	花瓣长度	花瓣宽度		品种
5.1	3.3	1.5	0.5	model	山鸢尾（setosa）
5.0	2.5	3.3	1.0		变色鸢尾（versicolor）
2.3	1.9	8.7	6.5		维吉尼亚鸢尾（virginica）

特征　　　　　　　　　　　　　　　　　　预测结果

图 5.5　通过鸢尾花特征值预测其品种

根据机器学习应用开发的一般步骤，首先要确定模型训练所需数据集。鸢尾花数据集（iris）是机器学习技术常用的一个数据集。鸢尾花数据集包含鸢尾花的测量数据［花萼长度（Sepal.Length）、花萼宽度（Sepal.Width）、花瓣长度（Petal.Length）和花瓣宽度（Petal. Width）] 以及其所属的类别 [山鸢尾（setosa）、变色鸢尾（versicolor）和维吉尼亚鸢尾（virginica）]，共有 150 个样本。部分数据样本如表 5.8 所示。

表 5.8　鸢尾花数据集（部分）

样本	Sepal.Length	Sepal.Width	Petal.Length	Petal.Width	Species
1	5.1	3.5	1.4	0.2	setosa
2	4.9	3	1.4	0.2	setosa
3	4.7	3.2	1.3	0.2	setosa
4	4.6	3.1	1.5	0.2	setosa
5	5	3.6	1.4	0.2	setosa
6	5.4	3.9	1.7	0.4	setosa
7	4.6	3.4	1.4	0.3	setosa
8	5	3.4	1.5	0.2	setosa
9	4.4	2.9	1.4	0.2	setosa
10	4.9	3.1	1.5	0.1	setosa

具体实现步骤如下。

1）导入 sklearn 库相应的函数。

```
import numpy as np
import pandas as pd
import mglearn
from sklearn.datasets import load_iris
from sklearn.model_selection import train_test_split
from sklearn.neighbors import KNeighborsClassifier
```

2）sklearn 库提供了鸢尾花数据集（iris），利用函数 load_iris() 导入 iris 数据集。iris 数据集的 20% 为测试集，80% 的数据为训练集，X_train 表示训练集数据特征，y_train 表示训练集数据标签。

```
iris_dataset = load_iris()

# 随机划分训练集和测试集
X_train, X_test, y_train, y_test = train_test_split(iris_dataset
                                   ['data'],iris_dataset['target'],
                                   test_size=0.2,random_state=0)
```

说明：在机器学习的工作流程中，通常分为训练过程和测试过程，因此数据集也会划分为训练集和测试集。sklearn 库提供函数 train_test_split()，用于将训练数据矩阵随机划分为训练子集和测试子集，并返回划分好的训练集测试集样本和训练集测试集标签。
函数调用格式：

```
X_train, X_test, y_train, y_test = train_test_split(train_data,
                                   train_target, test_size=0.3,
                                   random_state=0)
```

参数说明：

train_data：被划分的样本特征集。

train_target：被划分的样本标签。

test_size：如果是浮点数，范围在 0～1，表示样本占比；如果是整数就是样本的数量。

random_state：是随机数的种子。填 1，在其他参数一样的情况下得到的随机数组是一样的。但填 0 或不填，每次都会不一样。

3）训练集数据可视化（见图 5.6），用不同颜色的数据点表示不同品种的鸢尾花，可以直观地显示出数据特征的分布。

```
# 将训练集转换为 dataframe，使用 Pandas 画图
iris_dataframe = pd.DataFrame(X_train, columns = iris_dataset.
                                feature_names)
g = pd.plotting.scatter_matrix(iris_dataframe, c = y_train,figsize =
                                (12,12), marker = ('.'), s=60,
                                cmap=mglearn.cm3)
```

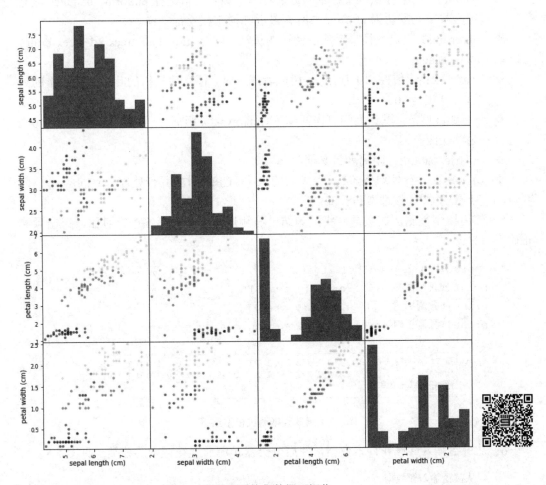

图 5.6　鸢尾花训练集数据可视化

说明：一张二维平面图只能显示两个特征，因此采用多图显示四维特征，蓝色条形图为统计直方图。

4）调用 KNeighborsClassifier()建立 kNN 分类器实例，设置 k 为 3，利用 fit()方法构建基于鸢尾花训练集的模型。

```
knn = KNeighborsClassifier(n_neighbors=3)
knn.fit(X_test, y_test)
```

函数调用格式：

```
neighbors.KNeighborsClassifier(n_neighbors, weights, algorithm, leaf_
                               size,p, metric, metric_params, n_jobs,
                               **kwargs)
```

常用参数说明：

❖ n_neighbors：kNN 中的 k 值，默认为 5。

❖ weights：用于标识每个样本的近邻样本的权重，可选择 uniform、distance 或自定义权重。默认为 uniform，所有最近邻样本权重都一样。

❖ algorithm：限定半径最近邻法使用的算法，可选 auto、ball_tree、kd_tree、brute，默认为 auto。

❖ leaf_size：该值控制了使用 kd 树或者球树时，停止建子树的叶子结点数量的阈值，默认为 30。

❖ p：距离度量，默认为闵可夫斯基（Minkowski）距离（p=1 为曼哈顿距离，p=2 为欧氏距离）。

❖ metric_params：距离度量其他附属参数。

❖ n_jobs：并行处理任务数，主要用于多核 CPU 时的并行处理。n_jobs=-1，即所有的 CPU 核都参与计算。

5）使用模型预测测试数据，将预测结果与测试集本身的标签进行对比，得出预测正确率（见图 5.7）。

```
y_pred = knn.predict(X_test)
print("真实标签: {}".format(y_test))
print("预测标签: {}".format(y_pred))
print("预测正确率: {:.2f}".format(np.mean(y_pred == y_test)))
```

```
真实标签: [2 1 0 2 0 2 0 1 1 1 2 1 1 1 1 0 1 1 0 0 2 1 0 0 2 0 0 1 1 0]
预测标签: [2 1 0 2 0 2 0 1 1 1 2 1 1 1 1 0 1 1 0 0 2 1 0 0 1 0 0 1 1 0]
预测正确率: 0.97
```

图 5.7　测试数据测试模型结果

6）从键盘输入鸢尾花样本数据，使用分类器预测鸢尾花样本的分类（见图 5.8）。

```
# 从键盘输入新数据
sepal_length = float(input("请输入鸢尾花样本的花萼长度："))
```

```
sepal_width = float(input("请输入鸢尾花样本的花萼宽度："))
petal_length = float(input("请输入鸢尾花样本的花瓣长度："))
petal_width = float(input("请输入鸢尾花样本的花瓣宽度："))
data_new = np.array([[sepal_length, sepal_width, petal_length, petal_
                      width]])

# 对 data_new 预测结果
prediction = knn.predict(data_new)
print("预测标签：", prediction)
print("该鸢尾花样本的标签预测类别为：{}" .format(iris_dataset['target_
       names'][prediction]))
```

```
请输入鸢尾花样本的花萼长度：2.3
请输入鸢尾花样本的花萼宽度：1.9
请输入鸢尾花样本的花瓣长度：5.7
请输入鸢尾花样本的花瓣宽度：6.5
预测标签： [2]
该鸢尾花样本的标签预测类别为：['virginica']
```

图 5.8　使用模型预测新数据样本

5.3.2　朴素贝叶斯算法

朴素贝叶斯（naive Bayesian）算法基于统计学分类中的贝叶斯定理，以特征条件独立性假设作为前提，是一种常见的有监督学习分类算法。对于给定的一组数据集，朴素贝叶斯算法学习从输入到输出的联合概率分布，然后基于学到的模型计算当前特征的样本属于某个分类的概率，选择概率最大的分类。

假设有一个数据集，数据分布如图 5.9 所示，由蓝色三角形和红色圆点两类数据组成。

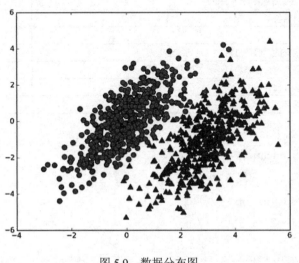

图 5.9　数据分布图

出现一个新的点 new_point(x,y)，其分类未知。用 p1(x,y)表示数据点(x,y)属于红色圆点一类的概率，用 p2(x,y)表示数据点(x,y)属于蓝色三角形一类的概率。根据贝叶斯决策理论的核心思想，如果 p1(x,y)＞p2(x,y)，则 new_point(x,y)为红色圆点一类，反之则为蓝色三角形一类。

朴素贝叶斯算法实现简单、计算复杂度低且对训练集数据量的要求不大，其在文本分类、网络舆情分析等领域有着十分广泛的应用。在实际情况下，朴素贝叶斯算法的独立假设并不能成立，性能略差于其他一些机器学习算法。

例 5.2   基于朴素贝叶斯算法的文本情感分析。

文本情感分析：又称意见挖掘、倾向性分析等。简单而言，是对带有情感色彩的主观性文本进行分析、处理、归纳和推理的过程。互联网（如博客和论坛以及社会服务网络）上产生了大量用户参与的，对于诸如人物、事件、产品等有价值的评论信息。这些评论信息表达了人们的各种情感色彩和情感倾向性，如喜、怒、哀、乐和批评、赞扬等。潜在的用户就可以通过浏览这些主观色彩的评论来了解大众舆论对于某一事件或产品的看法。

本例理解文本语句是由具备情感倾向的词语构成的，如生气、憎恨、害怕、内疚、感兴趣、高兴、悲伤等。因此，文本分析可以先将完整的语句切分成离散的词语，这叫作分词，然后计算词语出现在正面评论和负面评论中的概率，根据朴素贝叶斯算法，概率大的类别即为文本的情感倾向。

假设存在如表 5.9 所示的 Python 书籍订单评价信息，每条评价信息对应一个结果（好评和差评），即标签。本例想通过评论内容来判断评价的倾向。

表 5.9   书籍订单评价信息

内容	评价
这是一本非常优秀的书籍，值得读者购买	好评
Python 技术非常火热，这也是一本很好的书籍，作者很用心	好评
数据逻辑比较混乱，差评	差评
这是我见过最差的一本 Python 数据分析书籍	差评
好评，非常好的一本书籍，值得大家学习	好评
差评，简直是误人子弟	差评
书籍作者还是写得比较认真的，但是思路有点儿乱，需优化	差评
强烈推荐大家购买这本书，这么多年难得一见的好书	好评
一本优秀的书籍，值得读者拥有	好评
很差，不建议买，准备退货	差评

具体实现步骤如下。

1）导入相应的 sklearn 库。

```
# -*- coding: utf-8 -*-
import numpy as np
import pandas as pd
import jieba
from sklearn.feature_extraction.text import CountVectorizer
from sklearn.naive_bayes import MultinomialNB
from sklearn.metrics import classification_report
```

```
from sklearn.preprocessing import LabelEncoder
import csv,os
```

2）数据集以 CSV 格式存储在当前文件夹下，**pd.read_csv()**读取数据集，同时需要将评论内容和评价分割出来，代码中第 6～14 行分别获取评论内容和评价，"评价"为 string 类型，不便于运算，采用 LabelEncoder()中的 fit_transform(label)转换成数字标签，读取的评论内容及转换后的标签如图 5.10 所示。

```
# 读取数据及分词
data = pd.read_csv('data_bayes.csv', encoding='utf-8')

print(u"\n 获取评论内容:")
arrs = data.iloc[:, 0]                    # 获取表中的第 1 列数据
view = arrs.values                        # 获取评论的内容信息
print(view)

print(u"\n 获取评论标签:")
labels = data.iloc[:, 1]
label = labels.values
print(label)

print(u"\n 转换后的标签:")
le = LabelEncoder()
label = le.fit_transform(label)
print(label)                              # 1 表示好评，0 表示差评
```

```
获取评论内容:
['这是一本非常优秀的书籍，值得读者购买。' 'Python技术非常火热，这也是一本很好的书籍，作者很用心。' '数据逻辑比较混乱，差评。'
 '这是我见过最差的一本Python数据分析书籍。' '好评，非常好的一本书籍，值得大家学习。' '差评，简直是误人子弟。'
 '书籍作者还是写得比较认真的，但是思路有点儿乱，需优化。' '强烈推荐大家购买这本书，这么多年难得一见的好书。'
 '一本优秀的书籍，值得读者拥有。' '很差，不建议买，准备退货。']

获取评论标签:
['好评' '好评' '差评' '差评' '好评' '差评' '差评' '好评' '好评' '差评']

转换后的标签:
[0 0 1 1 0 1 1 0 0 1]
```

图 5.10　读取的评论内容及转换后的标签

3）按照文本分析的原理需要将获取的评论内容进行分词，有些词语是不带感情色彩的，如这、这是、我等，这些词可以不用分析，所以定义了 stopwords 变量，把这些词从分词后的词库中剔除。分词工作使用第三方库 jieba 来完成，源数据集是中文，指定编码类型 encode('utf-8')，中文分词后的效果如图 5.11 所示。

```
# 分词
stopwords = {}.fromkeys([', ', '。', '! ', '这', '这是', '我', '非常',
                         '的'])
```

```python
print(u"\n 中文分词后的效果:")
words = []
for a in view:
    seglist = jieba.cut(a, cut_all=False)          # 精确模式
    final = ''
    final = final.encode('utf-8')
    for seg in seglist:
        seg = seg.encode('utf-8')
        if seg not in stopwords:                   # 不是停用词的保留
            final += seg
    seg_list = jieba.cut(final, cut_all=False)
    output = ' '.join(list(seg_list))              # 空格拼接
    words.append(output)

print(words)
```

中文分词后的效果:

Loading model cost 0.549 seconds.
Prefix dict has been built successfully.

['这是 一本 非常 优秀 的 书籍 ， 值得 读者 购买 。', 'Python 技术 非常 火热 ， 这 也 是 一本 很 好 的 书籍 ， 作者 很 用心 。', '数据 逻辑 比较 混乱 ， 差评 。', '这是 我 见 过 最差 的 一本 Python 数据分析 书籍 。', '好评 ， 非常 好 的 一本 书籍 ， 值得 大家 学习 。', '差评 ， 简直 是 误人 子弟 。', '书籍 作者 还是 写得 比较 认真 的 ， 但是 思路 有点 儿 乱 ， 需 优化 。', '强烈推荐 大家 购买 这 本书 ， 这么 多年 难 得 一见 的 好书 。', '一本 优秀 的 书籍 ， 值得 读者 拥有 。', '很差 ， 不 建议 买 ， 准备 退货 。']

图 5.11　中文分词后的效果

4）CountVectorizer()和 fit_transform(words)函数将文本中的词语转换为词频矩阵，即词袋中的词语在相应评论中出现的次数，get_feature_names()函数获取词袋中所有文本关键词。构建的数据集词袋如图 5.12 所示。

```python
# 计算词频
vectorizer = CountVectorizer()                    # 将文本中的词语转换为词频矩阵
words_number = vectorizer.fit_transform(words)    # 计算词语出现的次数
wordlist = vectorizer.get_feature_names()         # 获取词袋中所有文本关键词
print("\n 词袋: ")
print(wordlist)
```

词袋:
['python', '一本', '书籍', '优化', '优秀', '但是', '作者', '值得', '写得', '准备', '多年', '大家', '好书', '好评', '子弟', '学习', '差评', '建议', '强烈推荐', '很差', '思路', '技术', '拥有', '数据', '数据分析', '最差', '有点儿', '本书', '比较', '混乱', '火热', '用心', '简直', '认真', '误人', '读者', '购买', '还是', '这么', '这是', '退货', '逻辑', '难得一见', '非常']

图 5.12　数据集词袋

5）词袋中的词语可以被视为具备情感倾向，通过模型计算它们在不同类别中出现的概率，在此例中数据样本仅有 10 行，本例取前 8 行作为训练数据，后两行作为测试

数据，MultinomialNB().fit(x_train, y_train)调用 MultinomialNB 分类器并使用训练集 x_train 训练模型，模型的训练过程即为计算词袋中的词语在不同类别（差评和好评）中出现的概率。clf.predict(x_test)用训练好的模型预测数据样本的情感倾向。模型预测结果如图 5.13 所示。

```
# 数据分析
print(u"\n 数据分析:")
dataMatrix = words_number.toarray()

x_train = dataMatrix[:-3]       # 使用前 8 行数据集进行训练
x_test = dataMatrix[-3:]        # 使用最后两行数据集用于预测
y_train = labels[:-3]
y_test = labels[-3:]

# 调用 MultinomialNB 分类器，使用训练集 x_train 训练模型
clf = MultinomialNB().fit(x_train, y_train)

# 用训练好的模型预测数据
pre = clf.predict(x_test)
labels_list = {"差评" : 0, "好评": 1}
print(u"预测结果:", pre)
print(u"真实结果:", y_test.values)
```

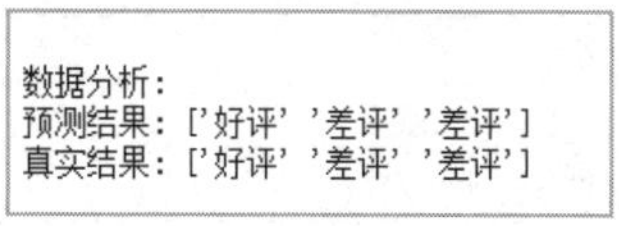

```
数据分析:
预测结果: ['好评' '差评' '差评']
真实结果: ['好评' '差评' '差评']
```

图 5.13　训练模型及模型应用

5.3.3　线性回归

经典的线性回归（linear regression）模型主要用来预测一些存在线性关系的数据集。回归模型可以理解为：存在一个点集，用一条曲线去拟合它分布的过程。如果拟合曲线是一条直线，就称为一元线性回归；如果是一条二次曲线，则称为二次回归。线性回归一般用来做连续值的预测，预测的结果为一个连续值。

如图 5.14 所示，左图是房屋价格对应表，第 1 列是房屋的面积，第 2 列是房屋实际销售价格。示例希望能找到一个预测模型，根据房屋面积来预测房屋价格，这里的房屋只有一个特征：房屋面积采用一元线性回归模型。假设函数为 $Y = \theta_0 + \theta_1 \times X$，其中，$Y$ 表示模型的预测结果（预测房价），模型要学习的参数为 θ_0、θ_1。右图中的×表示数据点，它展示了数据集中的数据在二维平面上的分布情况，若所有数据点到直线的距离均方差之和最小，那么直线 $Y = \theta_0 + \theta_1 \times X$ 就是示例所求的预测模型。

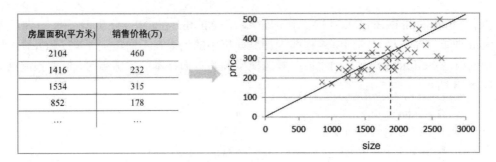

图 5.14　一元线性回归模型原理

例 5.3　基于线性回归的波士顿房价预测。

分析：波士顿房价数据集包括 506 个样本，每个样本包括 13 个特征变量和该地区的平均房价，如表 5.10 所示。房价（单价）显然与多个特征变量相关，不是单变量线性回归（一元线性回归）问题，选择多个特征变量来建立线性方程，这就是多变量线性回归（多元线性回归）问题。

表 5.10　波士顿房价数据集特征属性说明

属性名	解释	类型
CRIM	该镇的人均犯罪率	连续值
ZN	占地面积超过 2777m^2 的住宅用地比例	连续值
INDUS	非零售商业用地比例	连续值
CHAS	是否邻近查尔斯河（Charles River）	离散值，1 表示邻近，0 表示不邻近
NOX	一氧化氮浓度	连续值
RM	每栋房屋的平均客房数	连续值
AGE	1940 年之前建成的自用单位比例	连续值
DIS	到波士顿 5 个就业中心的加权距离	连续值
RAD	到径向公路的可达性指数	连续值
TAX	全值财产税率	连续值
PTRATIO	学生与教师的比例	连续值
B	1000(BK - 0.63)^2，其中 BK 为黑色人种占比	连续值
LSTAT	低收入人群占比	连续值
MEDV	同类房屋价格的中位数	连续值

具体实现步骤如下。

1）导入项目所需的相关模块。

```
import pandas as  pd
import numpy as np
import matplotlib.pyplot as plt
from sklearn.datasets import load_boston     # 从 sklearn 库加载数据集
from sklearn.model_selection import train_test_split
from sklearn.preprocessing import StandardScaler
                                # 从数据预处理模块加载标准化处理
from sklearn.linear_model import  LinearRegression    # 导入线性模型
```

2）获取整理数据集。

sklearn 库自带波士顿房价数据集，采用 load_boston()函数下载，将特征值和标签分离出来。为了便于观察数据信息，将 data 和 target 转换成 DataFrame 类型。数据查看结果如图 5.15 所示。

```
# 获取并整理数据
boston = load_boston()

house_data = boston['data']                # 获取波士顿房价数据集的数据特征值
target = boston['target']                  # 获取房价的真实值
feature_names = boston['feature_names']     # 获取数据特征名称

df_data = pd.DataFrame(house_data, index=range(len(house_data)),
                    columns=feature_names)
df_target = pd.DataFrame(target, index=range(len(target)), columns=
                    ['SalePrice'])
df_data.info()                             # 查看数据信息，是否有缺失值
```

```
<class 'pandas.core.frame.DataFrame'>
RangeIndex: 506 entries, 0 to 505
Data columns (total 13 columns):
 #   Column   Non-Null Count   Dtype
 0   CRIM     506 non-null     float64
 1   ZN       506 non-null     float64
 2   INDUS    506 non-null     float64
 3   CHAS     506 non-null     float64
 4   NOX      506 non-null     float64
 5   RM       506 non-null     float64
 6   AGE      506 non-null     float64
 7   DIS      506 non-null     float64
 8   RAD      506 non-null     float64
 9   TAX      506 non-null     float64
 10  PTRATIO  506 non-null     float64
 11  B        506 non-null     float64
 12  LSTAT    506 non-null     float64
dtypes: float64(13)
memory usage: 51.5 KB
```

图 5.15   数据信息查看结果

3）根据机器学习的一般流程，需要划分训练数据和测试数据，利用 train_test_split()函数完成，划分比例为 0.2。从图 5.16 可以看出波士顿房价数据集各列数据特征值的数据量级差异较大，如 CRIM 和 TAX。直接采用这些数据去训练模型会影响模型预测的准确率，因此，使用 StandardScaler()函数对数据进行标准化。

数据预处理代码如下。

```
# 将数据集拆分成训练集和测试集，划分比例为 0.2
x_train, x_test, y_train, y_test=train_test_split(df_data, df_target,
                                    test_size=0.2)
```

```
# 数据标准化
scaler = StandardScaler()
scaler.fit_transform(x_train, x_test)
```

拆分数据集并进行数据标准化的结果如图 5.17 所示。

	CRIM	ZN	INDUS	CHAS	NOX	RM	AGE	DIS	RAD	TAX	PTRATIO	B	LSTAT
0	0.00632	18.0	2.31	0.0	0.538	6.575	65.2	4.0900	1.0	296.0	15.3	396.90	4.98
1	0.02731	0.0	7.07	0.0	0.469	6.421	78.9	4.9671	2.0	242.0	17.8	396.90	9.14
2	0.02729	0.0	7.07	0.0	0.469	7.185	61.1	4.9671	2.0	242.0	17.8	392.83	4.03
3	0.03237	0.0	2.18	0.0	0.458	6.998	45.8	6.0622	3.0	222.0	18.7	394.63	2.94
4	0.06905	0.0	2.18	0.0	0.458	7.147	54.2	6.0622	3.0	222.0	18.7	396.90	5.33
...	...	...	...	...	...	...	...	...	...	...	...	...	...
501	0.06263	0.0	11.93	0.0	0.573	6.593	69.1	2.4786	1.0	273.0	21.0	391.99	9.67
502	0.04527	0.0	11.93	0.0	0.573	6.120	76.7	2.2875	1.0	273.0	21.0	396.90	9.08
503	0.06076	0.0	11.93	0.0	0.573	6.976	91.0	2.1675	1.0	273.0	21.0	396.90	5.64
504	0.10959	0.0	11.93	0.0	0.573	6.794	89.3	2.3889	1.0	273.0	21.0	393.45	6.48
505	0.04741	0.0	11.93	0.0	0.573	6.030	80.8	2.5050	1.0	273.0	21.0	396.90	7.88

图 5.16　波士顿房价数据集的特征值

```
array([[-0.37597076,  0.40334808, -0.59948192, ...,  0.06379775,
         0.39127372, -0.67040987],
       [-0.37269233,  0.07410652, -0.46438471, ..., -1.5353372 ,
         0.41502301,  0.99125521],
       [ 0.57389959, -0.47462943,  1.05434545, ...,  0.81633185,
        -4.39910625,  0.70170061],
       ...,
       [-0.37689901,  0.84233684, -0.90085262, ..., -0.87686987,
         0.38711147,  0.00909765],
       [-0.38552801, -0.47462943, -0.58315149, ..., -0.31246929,
         0.36519846, -1.20877772],
       [-0.22223825, -0.47462943,  1.27406399, ..., -1.77050411,
         0.31157891, -1.31208615]])
```

图 5.17　拆分数据集并进行数据标准化

4）创建 LinearRegression() 线性回归模型实例，fit(x_train, y_train) 函数使用训练数据训练模型，predict(x_test) 使用测试数据预测测试样本的房价，score(x_test, y_test) 则是计算模型预测的准确率。模型预测准确率如图 5.18 所示。

```
# 建立线性回归模型
lr = LinearRegression()
# 利用训练集数据训练模型
lr.fit(x_train, y_train)

# 使用测试集数据测试模型
```

```
y_predict = lr.predict(x_test)
print('模型预测准确率:', lr.score(x_test, y_test))
```

模型预测准确率: 0.7088449310965683

图 5.18 模型预测准确率

5）通过绘图，直观地对比房价的预测值和真实值之间的差异。房屋销售价格的预测值和真实值的数据对比如图 5.19 所示。

```
# 数据可视化
plt.figure(figsize=(16, 9))
plt.rcParams['font.sans-serif']='SimHei'
plt.rcParams['axes.unicode_minus']=False
num = len(y_predict)
x = np.arange(1, num+1)

plt.plot(x,y_predict[:num], linestyle = '-',  color = 'blue')
plt.plot(x,y_test[:num], linestyle = '-.', color = 'red')

plt.legend(['房价预测值','房价真实值'], loc='upper right')
plt.title('波士顿房价走势图')
plt.show()
```

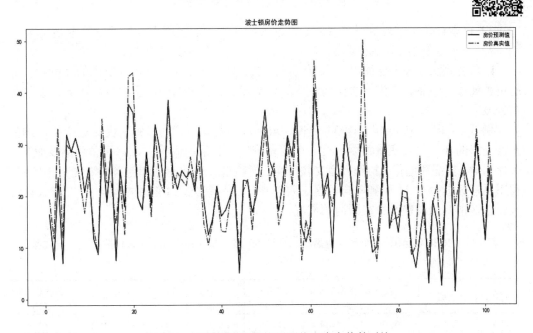

图 5.19 房屋销售价格的预测值和真实值的对比

5.3.4 k 均值算法

k 均值（k-means）算法是一种常用的聚类算法，其核心思想是把数据集的对象划分为多个类别，并使数据集中的数据点到其所属类别的质心的距离平方和最小，考虑到算法应用的场景不同，此处描述的"距离"包括但不限于欧氏距离、曼哈顿距离等。

k 均值算法的工作原理如图 5.20 所示。

1）在数据集 n 个对象中任意选取 k 个对象作为初始的聚类中心，如图 5.20 中黑色和白色的数据点（k=2）。

2）计算数据集中其他对象到这些聚类中心的距离，分别将这些对象划分到与其距离最近的聚类中心，图 5.20 中 A 点和 B 点到黑色数据点的距离最近，它们被划分为一类，C 点、D 点和 E 点则被划分为另一类。

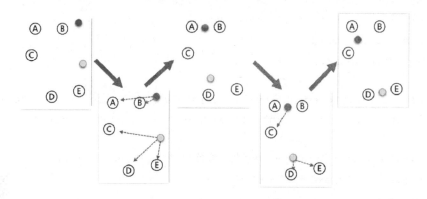

图 5.20　k 均值算法的工作原理

3）重新计算聚类均值得到其质心，然后将所得到的质心作为新的聚类中心。

4）不断重复第 2）步和第 3）步直到标准测度函数最终收敛为止。

k 均值算法原理十分简单，需要调节的参数只有一个 k，且具有出色的速度和良好的可扩展性，因而 k 均值算法作为经典的聚类算法，被普遍应用于需要解决此问题的各个领域之中。

例 5.4　现有 1999 年全国 31 个省（自治区、直辖市）的城镇居民家庭全年人均消费性支出的 8 个主要变量数据，这 8 个变量分别是食品、衣着、家庭设备用品及服务、医疗保健、交通和通信、娱乐教育文化服务、居住以及杂项商品和服务，如表 5.11 所示。利用已有数据，对 31 个省（自治区、直辖市）进行聚类，了解 1999 年 31 个省（自治区、直辖市）的消费水平在国内的情况。

表 5.11　1999 年全国 31 个省（自治区、直辖市）的城镇居民家庭全年人均消费性支出数据

单位：元

城市	食品	衣着	家庭设备用品及服务	医疗保健	交通和通信	娱乐教育文化服务	居住	杂项商品和服务
北京	2959	730.79	749.41	513.34	467.87	1141.82	478.42	457.64
天津	2460	495.47	697.33	302.87	284.19	735.97	570.84	305.08

续表

城市	食品	衣着	家庭设备用品及服务	医疗保健	交通和通信	娱乐教育文化服务	居住	杂项商品和服务
河北	1496	515.9	362.37	285.32	272.95	540.58	364.91	188.63
山西	1406	477.77	290.15	208.57	201.5	414.72	281.84	212.1
内蒙古	1304	524.29	254.83	192.17	249.81	463.09	287.87	192.96
辽宁	1731	553.9	246.91	279.81	239.18	445.2	330.24	163.86
吉林	1562	492.42	200.49	218.36	220.69	459.62	360.48	147.76
黑龙江	1410	510.71	211.88	277.11	224.65	376.82	317.61	152.85
上海	3712	550.74	893.37	346.93	527	1034.98	720.33	462.03
江苏	2208	449.37	572.4	211.92	302.09	585.23	429.77	252.54
浙江	2629	557.32	689.73	435.69	514.66	795.87	575.76	323.36
安徽	1845	430.29	271.28	126.33	250.56	513.18	314	151.39
福建	2709	428.11	334.12	160.77	405.14	461.67	535.13	232.29
江西	1564	303.65	233.81	107.9	209.7	393.99	509.39	160.12
山东	1676	613.32	550.71	219.79	272.59	599.43	371.62	211.84
河南	1428	431.79	288.55	208.14	217	337.76	421.31	165.32
湖南	1942	512.27	401.39	206.06	321.29	697.22	492.6	226.45
湖北	1783	511.88	282.84	201.01	237.6	617.74	523.52	182.52
广东	3055	353.23	564.56	356.27	811.88	873.06	1082.82	420.81
广西	2034	300.82	338.65	157.78	329.06	621.74	587.02	218.27
海南	2058	186.44	202.72	171.79	329.65	477.17	312.93	279.19
重庆	2303	589.99	516.21	236.55	403.92	730.05	438.41	225.8
四川	1974	507.76	344.79	203.21	240.24	575.1	430.36	223.46
贵州	1674	437.75	461.61	153.32	254.66	445.59	346.11	191.48
云南	2194	537.01	369.07	249.54	290.84	561.91	407.7	330.95
西藏	2647	839.7	204.44	209.11	379.3	371.04	269.59	389.33
陕西	1473	390.89	447.95	259.51	230.61	490.9	469.1	191.34
甘肃	1526	472.98	328.9	219.86	206.65	449.69	249.66	228.19
青海	1655	437.77	258.78	303	244.93	479.53	288.56	236.51
宁夏	1375	480.89	273.84	317.32	251.08	424.75	228.73	195.93
新疆	1609	536.05	432.46	235.82	250.28	541.3	344.85	214.4

具体实现步骤如下。

1）导入 sklearn 相关包。

```
import numpy as np
from sklearn.cluster import KMeans
```

2）加载数据，整理数据。

原始数据如图 5.21 所示，为 txt 文本文件，其存储的数据类型为 string，因此需要对数据进行处理，open('city.txt', 'r+')函数以只读方式打开源文件，readlines()函数将文本数据一次读入，源数据之间用逗号隔开，for 循环逐行以','为分隔符切割数据，写入 data 变量中，data 变量为 list 类型，需要将其转换成 narray 类型。

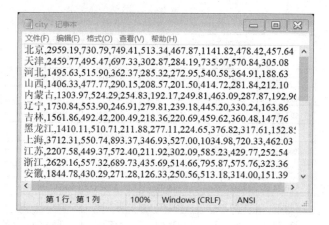

图 5.21   city.txt

```
# 加载数据，整理数据
fr = open('city.txt', 'r+')
lines = fr.readlines()
data = []
cityName = []
for line in lines:
    items = line.strip().split(", ")
    cityName.append(items[0])
    for i in range(1, len(items)):
        data.append(float(items[i]))


# 数据由 list 转为 narray
dataMatrix = np.mat(data).reshape(31, 8)
print(dataMatrix)
```

整理完成的数据如图 5.22 所示。

3）创建 k-means 模型实例。

创建一个 k-means 模型实例，聚类类别设置为 4，然后训练模型并获取预测标签，这里的聚类可以理解为将城市按照消费水平分类，消费水平相近的城市聚集在一类中；np.sum(km.cluster_centers_, axis=1)计算每一类的城市平均消费，这里的平均消费是先按行计算数据表中每个城市的消费总额，然后求属于同一类别的城市消费的平均数。

```
# 创建 K-Means 模型实例，设置聚类类别数
km = KMeans(n_clusters = 4)


# 训练模型，获得预测标签
label = km.fit_predict(dataMatrix)
expenses = np.sum(km.cluster_centers_, axis=1)
```

```
[[2959.19    730.79    749.41    513.34    467.87  1141.82    478.42    457.64]
 [2459.77    495.47    697.33    302.87    284.19   735.97    570.84    305.08]
 [1495.63    515.9     362.37    285.32    272.95   540.58    364.91    188.63]
 [1406.33    477.77    290.15    208.57    201.5    414.72    281.84    212.1 ]
 [1303.97    524.29    254.83    192.17    249.81   463.09    287.87    192.96]
 [1730.84    553.9     246.91    279.81    239.18   445.2     330.24    163.86]
 [1561.86    492.42    200.49    218.36    220.69   459.62    360.48    147.76]
 [1410.11    510.71    211.88    277.11    224.65   376.82    317.61    152.85]
 [3712.31    550.74    893.37    346.93    527.    1034.98    720.33    462.03]
 [2207.58    449.37    572.4     211.92    302.09   585.23    429.77    252.54]
 [2629.16    557.32    689.73    435.69    514.66   795.87    575.76    323.36]
 [1844.78    430.29    271.28    126.33    250.56   513.18    314.      151.39]
 [2709.46    428.11    334.12    160.77    405.14   461.67    535.13    232.29]
 [1563.78    303.65    233.81    107.9     209.7    393.99    509.39    160.12]
 [1675.75    613.32    550.71    219.79    272.59   599.43    371.62    211.84]
 [1427.65    431.79    288.55    208.14    217.     337.76    421.31    165.32]
 [1942.23    512.27    401.39    206.06    321.29   697.22    492.6     226.45]
 [1783.43    511.88    282.84    201.01    237.6    617.74    523.52    182.52]
 [3055.17    353.23    564.56    356.27    811.88   873.06  1082.82    420.81]
 [2033.87    300.82    338.65    157.78    329.06   621.74    587.02    218.27]
 [2057.86    186.44    202.72    171.79    329.65   477.17    312.93    279.19]
 [2303.29    589.99    516.21    236.55    403.92   730.05    438.41    225.8 ]
 [1974.28    507.76    344.79    203.21    240.24   575.1     430.36    223.46]
 [1673.82    437.75    461.61    153.32    254.66   445.59    346.11    191.48]
 [2194.25    537.01    369.07    249.54    290.84   561.91    407.7     330.95]
 [2646.61    839.7     204.44    209.11    379.3    371.04    269.59    389.33]
 [1472.95    390.89    447.95    259.51    230.61   490.9     469.1     191.34]
 [1525.57    472.98    328.9     219.86    206.65   449.69    249.66    228.19]
 [1654.69    437.77    258.78    303.      244.93   479.53    288.56    236.51]
 [1375.46    480.89    273.84    317.32    251.08   424.75    228.73    195.93]
 [1608.82    536.05    432.46    235.82    250.28   541.3     344.85    214.4 ]]
```

图 5.22　加载整理完成的数据

4）按照不同类别输出属于同一消费水平类别的城市。

```
# 输出聚类结果
CityCluster = [[], [], [], []]
for i in range(len(cityName)):
    CityCluster[label[i]].append(cityName[i])
for i in range(len(CityCluster)):
    print("Expenses:%.2f" %expenses[i])
    print(CityCluster[i])
```

k-means 模型对数据进行聚类的结果如图 5.23 所示。

```
Expenses:4512.27
['江苏', '安徽', '湖南', '湖北', '广西', '海南', '四川', '云南']
Expenses:7754.66
['北京', '上海', '广东']
Expenses:3788.76
['河北', '山西', '内蒙古', '辽宁', '吉林', '黑龙江', '江西', '山东', '河南', '贵州', '陕西', '甘肃', '青海', '宁夏', '新疆']
Expenses:5678.62
['天津', '浙江', '福建', '重庆', '西藏']
```

图 5.23　数据聚类结果

5.4 深度学习算法

深度学习（deep learning，DL）是机器学习（machine learning，ML）领域中一个新的研究方向，它被引入机器学习，使其更接近于最初的目标——人工智能（artificial intelligence，AI）。传统的机器学习方法提取特征一般都是人工完成的。手工的提取特征是一件非常费力的启发式方法，能不能选取好很大程度上靠经验和运气，而且也需要大量的时间。那么能不能自动地学习一些特征呢？由此有了深度学习。随着大数据时代的到来以及 GPU 的使用，深度学习如虎添翼，可以充分利用各种海量数据，完全自动地学习抽象的知识表达，即把原始数据浓缩成某种特征。

深度学习是学习样本数据的内在规律和表示层次，学习过程中获得的信息对诸如文字、图像和声音等数据的解释有很大帮助。它的最终目标是让机器能够像人一样具有分析学习能力，能够识别文字、图像和声音等数据。深度学习是一个复杂的机器学习算法，在语音和图像识别方面取得的效果，远远超过先前相关技术。传统机器学习技术和深度学习的方法对比如图 5.24 所示。

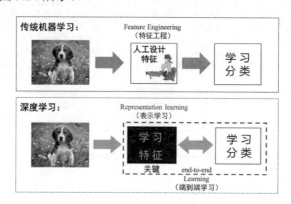

图 5.24　传统机器学习技术和深度学习的方法对比

深度学习的常用技术框架如图 5.25 所示。

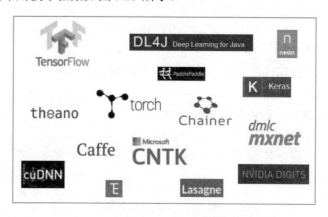

图 5.25　常用的深度学习的技术框架

深度学习在自然语言处理、语音、数据挖掘、机器学习、推荐和个性化技术、搜索技术、多媒体学习和机器翻译，以及其他相关领域都取得了很多成果，如图 5.26 所示。深度学习使机器模仿视听和思考等人类的活动，解决了很多复杂的模式识别难题，使得人工智能相关技术取得了很大进步。

图 5.26 深度学习应用

第6章 综合案例

6.1 综合案例一：基于线性回归的股票分析与预测

6.1.1 案例背景介绍

近年来，随着全球经济与股市的快速发展，股票投资成为人们经常选择的理财方式之一。股票市场的变化，间接地反映了整个国民经济的发展状况和股票公司的运营情况，它是整个社会经济的"晴雨表"和"报警器"。

本案例使用开源的金融数据接口包 Tushare 获取股票的相关数据，以此为分析对象，应用 Python 编程语言和机器学习技术构建股票预测模型，对我国市场进行分析与预测。利用股票技术指标对股票收盘价等数据进行预测可视化，观察股票市场走势。部分股票数据如图 6.1 所示。

date	open	high	close	low	volume	price_change	p_change	ma5	ma10	ma20	v_ma5	v_ma10	v_ma20	turnover
2021/2/26	39.47	40.29	38.96	38.95	41127.55	-0.56	-1.42	39.208	39.663	40.597	49552.43	43719	49409.83	0.53
2021/2/25	38.71	40.4	39.52	38.71	53637.21	0.82	2.12	39.37	39.637	40.864	47720.55	41921.47	50424.59	1.46
2021/2/24	40.28	40.8	38.7	38.51	38741.01	-1.58	-3.92	39.466	39.58	41.126	43661.72	40480.18	52004.4	1.06
2021/2/23	38.82	41	40.28	37.94	62872.09	1.7	4.41	39.836	39.754	41.361	42738.97	40327.12	56159.81	1.72
2021/2/22	39.3	39.97	38.58	38.29	51384.28	-1.19	-2.99	39.98	39.881	41.598	41503.02	38853.86	61137.45	1.4
2021/2/19	40.22	40.37	39.77	38.78	31968.15	-0.23	-0.57	40.118	40.233	41.715	37885.56	37429.53	61549.24	0.87
2021/2/18	41.32	41.32	40	39.61	33343.07	-0.55	-1.36	39.904	40.398	41.68	36122.4	38938.7	62585.91	0.91
2021/2/10	40.41	41.1	40.55	39.61	34127.26	-0.45	-1.1	39.694	40.645	41.553	37298.63	40823.06	63808.39	0.93
2021/2/9	38.88	41	41	38.5	56692.34	1.73	4.41	39.672	40.889	41.478	37915.26	44886.39	67070.38	1.55
2021/2/8	40.23	40.23	39.27	38.48	33297	0.57	1.47	39.782	41.039	41.529	36204.71	47506.33	67595.84	0.91
2021/2/5	39.6	39.75	38.7	38.65	23152.31	-0.25	-0.64	40.348	41.53	41.563	36973.49	55100.67	69494.87	0.63
2021/2/4	40.36	40.36	38.95	38.18	39224.24	-1.49	-3.68	40.892	42.091	41.678	41755	58927.7	73967.72	1.07
2021/2/3	41.71	41.87	40.44	40.1	37210.41	-1.11	-2.67	41.596	42.671	41.988	44347.48	63528.62	76533.44	1.02
2021/2/2	42	42.3	41.55	40.08	48139.57	-0.55	-1.31	42.106	42.968	42.141	51857.51	71992.5	78303.2	1.31
2021/2/1	41.37	42.1	42.1	40.08	37140.93	0.68	1.64	42.296	43.314	42.209	58807.95	83421.03	79488.44	1.01
2021/1/29	42.5	43.19	41.42	40.7	47059.87	-1.05	-2.47	42.712	43.196	42.276	73227.84	85668.94	82288.05	1.28
2021/1/28	42.68	44.58	42.47	42.39	52186.63	-0.52	-1.21	43.29	42.962	42.288	76100.4	86233.13	82533.14	1.42
2021/1/27	42.49	44.67	42.99	42.22	74760.55	0.49	1.15	43.746	42.46	42.214	82709.75	86793.72	82062.54	2.04
2021/1/26	43	44.16	42.5	41.51	82891.76	-1.68	-3.8	43.83	42.067	42.064	92127.49	89254.38	80014.86	2.26
2021/1/25	44.9	46.8	44.18	43.67	109240.38	-0.13	-0.29	44.332	42.019	41.972	108034.12	87685.36	79096.55	2.98
2021/1/22	43.97	44.95	44.31	43.7	61422.66	-0.44	-0.98	43.68	41.596	41.76	98110.05	83889.08	76561.21	1.68

图 6.1 股票相关数据截图

股票数据包含了开盘价、最高价、最低价、收盘价、成交量、市值、价格变动和涨跌幅等指标。常用的股票指标名称及含义如表 6.1 所示。

表 6.1 常用股票指标名称及含义

股票指标名称	指标含义
交易日（date）	交易日
开盘价（open）	每个交易日开市后的第一笔每股买卖成交价格
最高价（high）	最高价是好的卖出价格
最低价（low）	最低价是好的买进价格

续表

股票指标名称	指标含义
收盘价（close）	最后一笔交易前一分钟所有交易的成交量加权平均价
成交量（volume）	指一个时间单位内对某项交易成交的数量，可根据成交量的增加幅度或减少幅度来判断股票趋势，预测市场供求关系和活跃程度
市值（market value）	市场价格总值，可以市值的增加幅度或减少幅度来衡量该股票发行公司的经营状况
价格变动（price_change）	市盈率，股票价格除以每股盈利的比率，评估股价水平是否合理的指标之一
涨跌幅（p_change）	市净率，股价除以账面价值

6.1.2　数据分析的流程与方法

数据分析处理流程如图 6.2 所示。

图 6.2　数据分析处理流程

具体流程说明如下。

1）获取数据：根据项目需求，通过现有数据进行分析或利用爬虫在网站上获取数据。本例通过开源的金融数据接口包 Tushare 获取股票的相关数据。

2）数据预处理：原始获取的数据中并不一定符合数据模型处理的格式，所以需要对数据进行预处理（又称数据清理、数据整理或数据处理），它会对数据进行清理、转换或标准化等处理。具体数据预处理工作根据项目要求和源数据的数据类型有所不同。

3）构建预测模型：数据加工整理完成后就可以进行数据分析。数据分析有很多种方法，如常见的统计分析方法、机器学习等。本例将利用机器学习模型分析和预测股票价格的变化趋势。

4）数据可视化：利用图形模块进行数据可视化展示，直观清晰地展示分析结果。

6.1.3　具体实现

1．获取数据

本案例使用开源的金融数据接口包 Tushare 获取股票的相关数据。Tushare 是免费的金融大数据平台，包括股票、基金、期货、债券、外汇、行业大数据，同时也包括数字货币行情等区块链数据的全数据品类金融信息。Tushare 使用前需要安装，安装过程如图 6.3 所示。

```
# 安装金融数据接口包 Tushare
pip install tushare
```

安装完成，使用 import tushare as ts 导入模块即可。

```python
# coding=utf-8
import pandas as pd
import numpy as np
import math
import matplotlib.pyplot as plt
import tushare as ts
from sklearn import preprocessing
from sklearn.linear_model import LinearRegression
from sklearn.model_selection import train_test_split


plt.rcParams['font.sans-serif']=['SimHei']        # 用来正常显示中文标签
plt.rcParams['axes.unicode_minus']=False          # 用来正常显示负号
```

```
Looking in indexes: https://pypi.tuna.tsinghua.edu.cn/simple
Collecting tushare
  Using cached https://pypi.tuna.tsinghua.edu.cn/packages/3b/2f/5848bd25c63ae6e327bddb5a53a32ef22d69fefadd5e8344aefb92f2f4a3/tushare-1.2.64-py3-none-any.whl (214 kB)Note: you may need to restart the kernel to use updated packages.

Requirement already satisfied: lxml>=3.8.0 in c:\programdata\anaconda3\lib\site-packages (from tushare) (4.5.2)
Collecting bs4>=0.0.1
  Using cached https://pypi.tuna.tsinghua.edu.cn/packages/10/ed/7e8b97591f6f456174139ec089c769f89a94a1a4025fe967691de971f314/bs4-0.0.1.tar.gz (1.1 kB)
Collecting simplejson>=3.16.0
  Downloading https://pypi.tuna.tsinghua.edu.cn/packages/0e/81/17d0356ae8292678f91feb395da366e076759617cb59ee11d6789df860d2/simplejson-3.17.5-cp38-cp38-win_amd64.whl (75 kB)
Requirement already satisfied: requests>=2.0.0 in c:\programdata\anaconda3\lib\site-packages (from tushare) (2.24.0)
Collecting websocket-client>=0.57.0
  Using cached https://pypi.tuna.tsinghua.edu.cn/packages/55/44/030ea47390896c8d6dc9995c8e9a4c5df3a161cd45416d8211903бc73eda/websocket_client-1.2.1-py2.py3-none-any.whl (52 kB)
Requirement already satisfied: beautifulsoup4 in c:\programdata\anaconda3\lib\site-packages (from bs4>=0.0.1->tushare) (4.9.1)
Requirement already satisfied: certifi>=2017.4.17 in c:\programdata\anaconda3\lib\site-packages (from requests>=2.0.0->tushare) (2020.6.20)
Requirement already satisfied: idna<3,>=2.5 in c:\programdata\anaconda3\lib\site-packages (from requests>=2.0.0->tushare) (2.10)
Requirement already satisfied: urllib3!=1.25.0,!=1.25.1,<1.26,>=1.21.1 in c:\programdata\anaconda3\lib\site-packages (from requests>=2.0.0->tushare) (1.25.9)
Requirement already satisfied: chardet<4,>=3.0.2 in c:\programdata\anaconda3\lib\site-packages (from requests>=2.0.0->tushare) (3.0.4)
Requirement already satisfied: soupsieve>1.2 in c:\programdata\anaconda3\lib\site-packages (from beautifulsoup4->bs4>=0.0.1->tushare) (2.0.1)
Building wheels for collected packages: bs4
  Building wheel for bs4 (setup.py): started
  Building wheel for bs4 (setup.py): finished with status 'done'
  Created wheel for bs4: filename=bs4-0.0.1-py3-none-any.whl size=1279 sha256=6a298071457923024f14131f17033c45487ba08c7531bb950373c2b46943f467
  Stored in directory: c:\users\lxy\appdata\local\pip\cache\wheels\3b\fb\fd\c34d8e6cb51eabd4657dff7afb6e4b32196972175a33500555
Successfully built bs4
Installing collected packages: bs4, simplejson, websocket-client, tushare
Successfully installed bs4-0.0.1 simplejson-3.17.5 tushare-1.2.64 websocket-client-1.2.1
```

图 6.3　Tushare 安装

定义函数 get_stcokData()获取股票信息，参数 stock_code 为带查询的股票代码，参数 start 为查询起始时间，参数 end 为查询截止时间。get_hist_data()为 Tushare 模块提供的获取股票信息接口函数。

```python
def get_stockData(stock_code, start, end):
    data = ts.get_hist_data(stock_code, start, end)
    savefile = './stockData_' + stock_code + '.csv'
    data.to_csv(savefile, header=1,encoding='utf-8')
    return savefile
```

获取代码为"000538"的股票的基本数据信息，如图 6.4 所示。

```
stock_code = '000538'
file = get_stockData(stock_code, start='2018-09-22', end='2020-12-31')

origDf = pd.read_csv(file, encoding='utf-8')
origDf.info()
```

```
本接口即将停止更新，请尽快使用Pro版接口：https://waditu.com/document/2
<class 'pandas.core.frame.DataFrame'>
RangeIndex: 429 entries, 0 to 428
Data columns (total 15 columns):
 #   Column        Non-Null Count   Dtype
---  ------        --------------   -----
 0   date          429 non-null     object
 1   open          429 non-null     float64
 2   high          429 non-null     float64
 3   close         429 non-null     float64
 4   low           429 non-null     float64
 5   volume        429 non-null     float64
 6   price_change  429 non-null     float64
 7   p_change      429 non-null     float64
 8   ma5           429 non-null     float64
 9   ma10          429 non-null     float64
 10  ma20          429 non-null     float64
 11  v_ma5         429 non-null     float64
 12  v_ma10        429 non-null     float64
 13  v_ma20        429 non-null     float64
 14  turnover      429 non-null     float64
dtypes: float64(14), object(1)
memory usage: 50.4+ KB
```

图 6.4　股票"000538"的基本数据信息

从图 6.4 中可以观察到数据维度 429×15（429 条交易记录，每条记录由 15 个交易信息构成），数据已经过初步整理，没有 NULL 值和重复值，案例在处理中可以省略这个步骤。

2. 数据预处理

（1）数据选取

数据集中有 15 个数据特征，在实际的分析和预测中不需要这么多的数据特征，经过分析提取了['date','close','high','low','open','volume','price_change']7 个特征列。图 6.5 为经过筛选过的数据结构。

```
df = origDf[['date','close','high','low','open','volume',
    'price_change']]
```

	date	close	high	low	open	volume	price_change
0	2020-12-31	113.60	113.94	111.30	112.33	96900.75	1.60
1	2020-12-30	112.00	112.53	109.30	109.95	78134.41	1.50
2	2020-12-29	110.50	112.79	109.28	112.50	61875.30	-1.48
3	2020-12-28	111.98	114.90	111.10	114.90	100819.79	-2.55
4	2020-12-25	114.53	115.59	109.20	109.98	127929.51	5.00
...	...	...	...	...	...	...	...
424	2019-03-26	82.57	83.87	82.21	83.14	39441.05	-0.57
425	2019-03-25	83.14	84.87	83.10	84.87	80171.09	-2.88
426	2019-03-22	86.02	87.44	85.40	87.00	58720.48	-0.10
427	2019-03-21	86.12	86.12	85.12	85.70	47666.79	0.34
428	2019-03-20	85.78	86.75	84.84	86.20	48343.87	-0.51

429 rows × 7 columns

图 6.5　选择数据

基于整理后的数据，通过数据可视化查看该股票的价格走势，如图 6.6 所示。

```python
fig, ax = plt.subplots(figsize=(16, 16))        # 绘图窗口大小
plt.title('股票价格走势图', fontsize=18)          # 标题
ax.plot(origDf['date'], origDf['close'], linestyle = ':', color=
        'blue',label='收盘价')
ax.plot(origDf['date'], origDf['open'], linestyle = '--', color=
        'red',label='开盘价')
ax.plot(origDf['date'], origDf['price_change'] , color='green',
        label='每日涨跌(收盘价-开盘价)')
plt.xlabel('交易时间', fontsize=14)               # 横坐标
plt.ylabel('收盘价', fontsize=14)                 # 纵坐标


x_major_locator = plt.MultipleLocator(30)
x_minor_locator = plt.MultipleLocator(5) # 将 x 轴次刻度标签设置为 5 的倍数
ax = plt.gca()
# ax 为两条坐标轴的实例
ax.xaxis.set_major_locator(x_major_locator)
ax.xaxis.set_minor_locator(x_minor_locator)
plt.gcf().autofmt_xdate()                        # 自动旋转日期标记
plt.xlim('2018-09-22', '2020-12-31')
ax.legend(frameon=False)
plt.show()
```

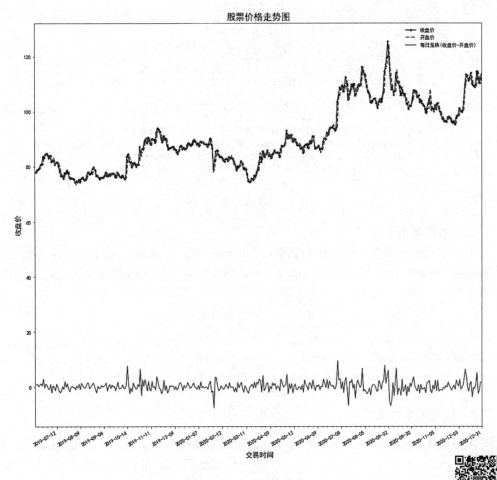

图 6.6　股票价格走势

（2）数据标准化处理

观察图 6.5 显示的 7 列数据，发现数据之间的量级差距很大，如 volume 和 price_change。在用机器学习方法进行训练时，有些特征值的数量级偏离大多数特征值的数量级，或者有特征值偏离正态分布，因此预测结果会不准确，需要进行标准化（normalization）处理。标准化处理是将特征样本按一定算法进行缩放，让它们落在某个范围比较小的区间，同时去掉单位限制，让样本数据转换成同一量纲的纯数值。通过 sklearn 库提供的 preprocessing.scale()方法实现标准化，该方法是让特征值减去平均值然后除以标准差。具体效果如图 6.7 所示。

```
featureData = df[['date','open','high','volume','low','close']]
columns = ['open','high','volume','low','close']
featureData.loc[:,columns]=preprocessing.scale(featureData[columns])
feature = featureData[['date','open','high','volume','low']].values
target = np.array(featureData['close'])
```

```
array([['2020-12-31', 1.9576615788576817, 1.9070676007619665,
        1.0919191803101267, 2.0422333965803086],
       ['2020-12-30', 1.7493209535845653, 1.7883652440327051,
        0.5251885327676755, 1.8608860333936303],
       ['2020-12-29', 1.9725430520914757, 1.810253621869307,
        0.03417451838000341, 1.8590725597617639],
       ...,
       ['2019-03-22', -0.259677932977631, -0.3238632171993333,
        -0.06109889036564844, -0.3062149566871752],
       ['2019-03-21', -0.3734774341772322, -0.43498882775438613,
        -0.3949127769004506, -0.33160358753331026],
       ['2019-03-20', -0.32970839525430856, -0.3819516045349292,
        -0.374654234560367, -0.35699221837944534]], dtype=object)
```

图 6.7　数据标准化处理

（3）数据集的划分

机器学习模型需要训练集和测试集，通过 train_test_split()函数将数据集 feature 划分为训练集 feature_train 和测试集 feature_test，划分比率为 20%的数据为测试集，其余的为训练集。

```
# 划分训练集、测试集
feature_train, feature_test, target_train, target_test = \
train_test_split(feature, target, test_size=0.2)
pridectedDays = int(math.ceil(0.2 * len(origDf)))    # 预测天数
```

3. 预测模型构建

本案例采用线性回归 LinearRegression 建立预测模型，采用通过 sklearn 库提供的 LinearRegression 模型。代码第 2 行创建一个线性回归模型实例，第 3 行将训练集 feature_train 导入模型中开始训练，feature_train 中有交易日数据，这个数据对预测模型没有用，在将数据导入模型训练时需要去掉，target_train 为训练标签；第 4 行将测试集导入训练好的模型中预测股票相应交易日的收盘价。

```
# 创建 LinearRegression 模型实例
lrTool = LinearRegression()
lrTool.fit(feature_train[:,1:], target_train)         # 训练
predictByTest = lrTool.predict(feature_test[:,1:])    # 用测试集预测结果
```

4. 数据可视化

将预测数据和原始数据整理后，通过数据可视化来展示模型的预测结果，如图 6.8 所示。数据集是经过标准化处理的，图中 y 轴的收盘价显示的是标准化处理后的数值，实线为该股票的预测收盘价，虚线为真实收盘价，y 轴 0 刻度附近的折线为预测收盘价和真实收盘价之间的误差值。

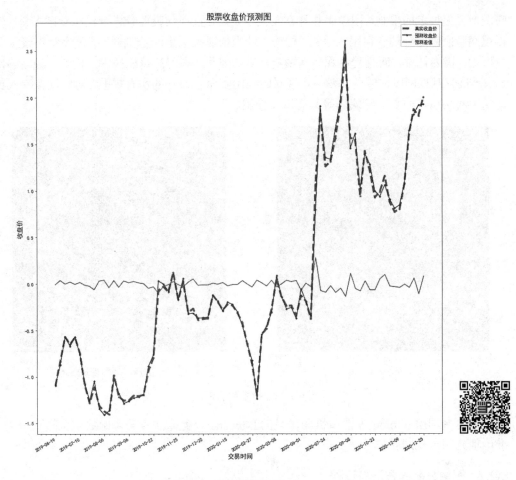

图 6.8 模型预测结果

6.2 综合案例二：基于 k-means 聚类的医学图像分割

6.2.1 案例背景简介

医学图像是反映人体生物组织或器官的复杂图像。医学图像分割就是根据图像中目标间的相似或不同把图像分成若干个区域的技术和过程，它是医学图像研究中的关键步骤，是高层次医学图像理解和分析的前提条件，在医学上的应用范围很广，如医学教学、医学研究、临床诊断、病理分析、影像信息处理、计算机辅助诊断等。

本案例引用 DRIVE 数据库，是 Niemeijer 团队在 2004 年根据荷兰糖尿病视网膜病变筛查工作建立的彩色眼底图库（彩色眼底图库数据集网址：https://drive.grand_challenge.org/）。各类眼科疾病以及心脑血管疾病会对视网膜血管造成形变、出血等不同程度的影响。临床上，医疗人员能够从检眼镜采集的彩色眼底图像中提取视网膜血管，然后通过对血管形态状况的分析达到诊断这类疾病的目的。如图 6.9 所示，图 6.9（a）为采集到的原始眼底图像，图 6.9（b）为相应手动分割的视网膜血管图（groundtruth）。由于受眼底图像采集技术的限制，图像中往往存在大量噪声，且视网膜血管自身结构复杂多变，使得视网膜血管的分割变得困难重重。传统方法中依靠人工手动分割视网膜血管，不仅工作量巨大、极为耗时，而且受主观因素影响严重。因此，利用计算机技术，找到一种能够快速、准确分割视网膜血管的算法，实现对眼底图像血管特征的实时提取，对辅助医疗人员诊断眼科疾病、心脑血管疾病等具有重要作用。

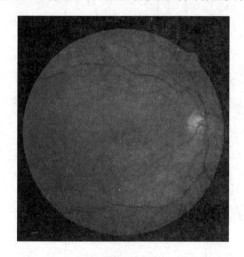 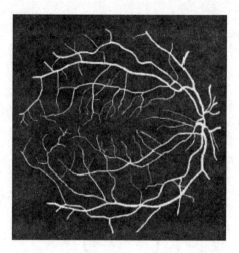

（a）原始眼底图像　　　　　　　　　　　　　（b）人工分割后的视网膜血管图

图 6.9　视网膜血管图示例

本案例利用 Python 语言和机器学习的 k-means 聚类算法对彩色眼底图像进行处理，准确地分割出视网膜血管。

6.2.2　图像分割的方法与流程

本案例采用了基于无监督聚类的方法进行图片的分割。数字图像分割的基本流程为：首先读取原始的数字图像，通过数字设备采集的数字图像会存在模糊、噪声等问题，因此需要对图像进行预处理，经过预处理后使用聚类算法进行图像分割，得到初步分割图，初步分割后的图像比较粗糙，采用优化得到最终的图像分割结果。具体流程如图 6.10 所示。

图 6.10　数字图像分割基本流程

6.2.3　具体实现

1. 数字图像导入

数字图像，又称为数码图像或数位图像，每一个数字图像都是由 M×N 像素点矩阵构成的，矩阵中每个像素点的值为数字化采样后的结果。数字图像通常有黑白图像、灰度图像和彩色图像 3 类。如图 6.11 所示，彩色数字图像的每个像素点由 R（红色）、G

（绿色）、B（蓝色）三原色的灰度值来描述，如图中右边的数字矩阵。灰度图像的每个像素由一个量化的灰度值来描述图像。量化的灰度值数值范围为 0～255，0 表示黑，255 表示白，其他值表示处于黑白之间的灰度。

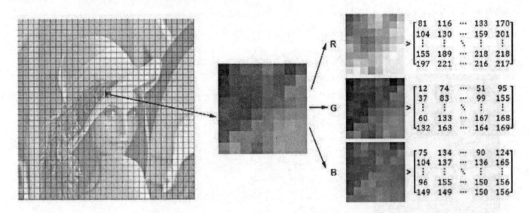

图 6.11 彩色数字图像存储原理

数字图像导入就是在程序中给出数字图像存储的路径以及数字图像的类型，本例通过 OpenCV 库来实现图像导入功能，OpenCV 是一个基于 C/C++语言的开源图像处理函数库，可以进行图像/视频载入、保存和采集等操作。

函数原型：

```
cv2.imread(filepath,flags)
```

❖ 功能：读取图片。
❖ cv2：OpenCV 的 C++命名空间名称。
❖ filepath：读入图像的完整路径。
❖ flags：读入图像的方式，其值如下。
  ➢ cv2.IMREAD_COLOR：默认参数，读入一幅彩色图像。
  ➢ cv2.IMREAD_GRAYSCALE：读入灰度图像。
  ➢ cv2.IMREAD_UNCHANGED：读入完整图像。
❖ 返回值：（height,width,channel）数组，height 和 width 为图像的长和宽，channel 是通道，顺序是 B（蓝色）、G（绿色）、R（红色）。

实现代码如下。

```
# 导入相应的 sklearn 包
import numpy as np
import PIL.Image as image              # 加载 PIL 包，用于图片处理
import cv2 as cv                       # 加载 OpenCV 库，用于图片处理
from sklearn.cluster import KMeans     # 加载 K-Means 聚类算法

# step 1: 加载图片
input_image = cv.imread('./images/40_training.jpg',1)
```

```
h,w = input_image.shape[0:2]
print(input_image.shape)
print(input_image)
```

图像导入结果如图 6.12 所示。

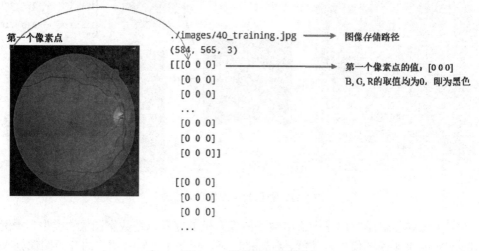

图 6.12　图像导入结果

2. 数字图像预处理

眼底视网膜图像在获取过程中往往受到外部条件的影响，采集后的图像会出现灰度分布不均匀的现象，视网膜图像血管与背景对比度较低，这些因素使得视网膜血管难以被检测到。为了提高视网膜图像的对比度，改善视网膜图像质量，在视网膜特征提取之前需要进行预处理，这一步的好坏能够直接影响后续处理的效果。在本例中，根据眼底视网膜图像的特点，使用图像对比度增强和边缘检测两个预处理过程。

（1）图像对比度增强

图像预处理的方法有很多，比较常见的有图像对比度增强法、图像亮度校正法和图像归一化方法等，其中使用最广泛的是图像对比度增强法。在本例中采用对比度增强方法，通过对图像的对比度重新分配获取更多的图像细节。

函数原型：

```
cv2.convertScaleAbs(src, dst, alpha, beta)
```

❖　功能：增强图像的对比度。
❖　cv2：OpenCV 的 C++命名空间名称。
❖　src：输入图像。
❖　dst：可选参数，目标图像。
❖　alpha：可选参数，对比度伸缩系数。
❖　beta：可选参数，偏移量。
❖　返回值：uint8 类型的图像。

图像对比度增强代码如下。

```
# step 2: 图片预处理
# 图像对比度增强

img_abs = cv.convertScaleAbs(input_image, alpha=1.8, beta=0)
```

图像对比度增强后效果如图 6.13 所示。

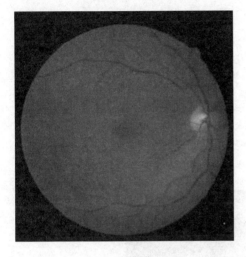 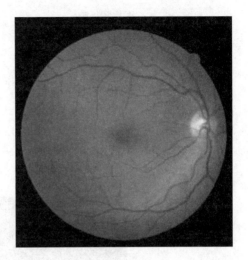

（a）原始图像   （b）对比度增强后的图像

图 6.13　采用 cv2.convertScaleAbs()函数处理后的图像对比

（2）边缘检测

为了得到更好的分割效果，图像对比度增强之后进行边缘检测，本案例采用 sobel 算子。sobel 算子是计算机视觉领域的一种重要处理方法，主要用于获得数字图像的一阶梯度。sobel 算子是把图像中每个像素的上下左右四领域的灰度值加权差，在边缘处达到极值从而检测边缘。

函数原型：

```
dst = cv2.Sobel(src, ddepth, dx, dy[, dst[, ksize[, scale[, delta
    [, borderType]]]]])
```

❖ 功能：应用于图像边缘检测。
❖ src：输入图像。
❖ ddepth：输出图像的深度（可以理解为数据类型），−1 表示与原图像相同的深度。
❖ dx,dy：当组合为 dx=1, dy=0 时求 x 方向的一阶导数，当组合为 dx=0, dy=1 时求 y 方向的一阶导数。
❖ ksize：（可选参数）sobel 算子的大小，必须是 1、3、5 或 7，默认为 3。
❖ scale：（可选参数）将梯度计算得到的数值放大的比例系数，效果通常使梯度图更亮，默认为 1。

❖ delta：（可选参数）在将目标图像存储进多维数组前，可以将每个像素值增加 delta，默认为 0。

❖ borderType：（可选参数）决定图像在进行滤波操作（卷积）时边沿像素的处理方式，默认为 BORDER_DEFAULT。

❖ 返回值：梯度图。

图像边缘检测代码如下。

```
# step 2：图片预处理
# 边缘检测

x = cv.Sobel(img_abs, -1, 1, 0)
y = cv.Sobel(img_abs, -1, 0, 1)
absX = cv.convertScaleAbs(x)
absY = cv.convertScaleAbs(y)
img_sobel = cv.addWeighted(absX, 0.5, absY, 0.5, 0)
```

图像边缘检测结果如图 6.14 所示。

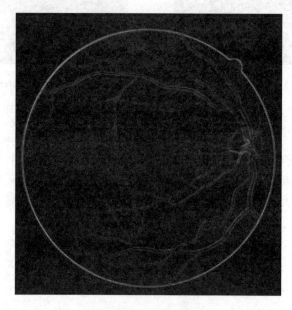

图 6.14　边缘检测结果

3. 分割模型构建

图像预处理后，将采用机器学习中的聚类算法 k-means 对图像进行分割。聚类（clustering）就是根据数据的"相似性"将数据分为不同类别的过程。通常通过计算两个样本之间的"距离"来评估两个不同样本之间的"相似性"。图像聚类就是在给出的图像中，根据图像的特征（如图像的灰度、颜色、纹理、形状等），在无先验知识的情况下，将图像按照相似度进行分类。使得分类后的图像类内相似度高，类间相似度低。

聚类算法实现步骤如下。

1）随机选择 k 个点作为初始的聚类中心。

2）对于剩下的点，根据其与聚类中心的距离，将其归入最近的簇。

3）对每个簇，计算所有点的均值作为新的聚类中心。

4）重复步骤 2）和步骤 3）直到聚类中心不再发生改变。

本案例采用 sklearn 库提供的 k-means 聚类算法函数，包含在 sklearn.cluster 模块中。调用 KMeans()方法所需参数说明如下。

❖　n_clusters：用于指定聚类中心的个数。

❖　init：初始聚类中心的初始化方法。

❖　max_iter：最大的迭代次数。

一般模型调用时可以只给出 n_clusters，init 默认为 k-means++，max_iter 默认为 300，fit_predict()函数计算簇中心以及为簇分配序号，导入模型中的训练数据 img_data 是将 img_sobel 数据展平后的结果。

构建分割模型的代码如下。

```
# step 3：构建分割模型
cluster_num=3
km = KMeans(n_clusters = cluster_num,
            init='k-means++',
            max_iter=300,
            tol=0.0001,
            algorithm='auto')

label = km.fit_predict(img_data)
print('标签维度：',label.shape)
print("分割模型为图像每个像素分配一个标签：")
print(label)
```

分割预测模型会给图像中的每一个像素分配一个标签，原图像像素为 584×565＝329960，模型分配的标签列表如图 6.15 所示。

```
标签维度： (329960,)
分割模型为图像每个像素分配一个标签：
[0 0 0 ... 0 0 0]
```

图 6.15　k-means 算法的类别分配结果

在本例中，设定聚类类别数为 n_clusters = 3，类别标签为（0,1,2），k 均值算法根据图像颜色的灰度值计算图像中所有的像素点到 3 个聚类中心的距离，将距离最近的聚类中心点的类别分配给像素点的类别。

4. 聚类分割结果可视化

根据聚类算法的分割结果，图像中的每一个像素都具有一个类别，从图 6.15 中可以看到其分割结果为一维数组，为每一个类别设置一个灰度值，输出显示结果如图 6.16（b）所示。

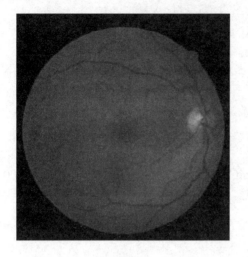
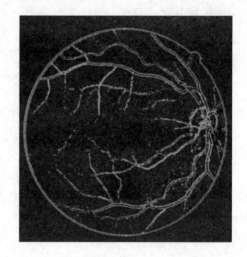

（a）原始图像　　　　　　　　　　　　　　　　（b）聚类分割结果

图 6.16　采用聚类分割的图像对比

分割结果可视化代码如下。

```python
# step 4: 分割结果可视化，并保存结果
def allocate_color(index, cluster_num):
    R = 1.0 / cluster_num * 255.0 * index
    G = 1.0 / cluster_num * 255.0 * index
    B = 1.0 / cluster_num * 255.0 * index
    return R, G, B

image = np.zeros((h, w, 3), dtype=np.uint8)
for y in range(h):
    for x in range(w):
        R, G, B = allocate_color(label[y * w + x], cluster_num)
        image[y][x][0] = R
        image[y][x][1] = G
        image[y][x][2] = B

cv.imwrite('./images/40_segmentation.jpg', image)
```

6.3　综合案例三：基于机器学习的林业数据处理

6.3.1　案例背景简介

林业数据（forestry data）是在研究森林的形成、发展、管理以及资源再生和保护利

用的过程中获取的数据。随着物联网、3S 技术〔遥感技术（remote sensing，RS）、地理信息系统（geography information systems，GIS）和全球定位系统（global positioning systems，GPS）的统称〕和移动互联网等信息技术的迅速发展与应用，林业数据的来源与种类不断增多，与此同时，传统以统计报表为导向的林业数据分析，正经历向以知识发掘为导向的大数据分析的转变。

水杉（Metasequoia glyptostroboides）是中国特有的古老珍稀子遗树种，素有"活化石"之称，对研究古植物学、古地质学、古气候学等具有十分重要的意义，如图 6.17 所示。水杉原生种群的自然分布只局限于鄂西（湖北省恩施土家族苗族自治州利川市）、渝东（重庆市石柱土家族自治县）、湘西（湖南省湘西土家族苗族自治州龙山县）所形成的极狭窄的三角形区域内，也因此水杉原生母树群落的发现被称为 20 世纪植物界重大发现之一。本案例采用了湖北民族大学艾训儒教授团队应用种群生态学调查方法，于 2007—2008 年对原生水杉母树群落进行统计调查，获得的 5746 株水杉母树的经纬度、坡向、坡位、海拔、土壤类型、胸径、冠幅、第一活枝高等数据。根据胸径数据结合当地百姓的介绍，对母树树龄进行了估测，并依据母树生长情况将生长势定性描述为旺盛、一般、较差、濒死、死亡 5 种类型。近年来，相关研究发现水杉种群存在天然更新障碍，即原生母树周边及林下，极少有天然更新的水杉幼苗及幼树存在，在探明该现象背后的因素和机制之前，水杉原生母树保护的紧迫性必然引起重视。在上述背景下，利用水杉母树的种群生态学特征，借助机器学习的技术和方法，对水杉母树的生长势进行预测，具有重要实践意义。

图 6.17 水杉群落和水杉枝叶

如表 6.2 所示，水杉母树原始数据为一个 5746×51 的大型 Excel 表格数据，行为水杉母树样本，列为种群生态学调查特征。由于受到野外调查条件限制，原始数据中存在一定数量的缺失值和异常值，在进行后续数据分析之前，首先需要进行数据清洗。为保障机器学习过程的高效稳定，还需要对原始数据进行特征工程，具体包括特征提取、特征转换等。

水杉母树生长势预测基本流程如图 6.18 所示。

图 6.18 水杉母树生长势预测基本流程

表 6.2 水杉原生母树一览表

母树编号	母树生长行政区域					母树生长地					母树生长环境位置					距树 40m 内有无房屋	房屋主人
	省（市）	县（市）	乡（镇、场）	村	小组	小地名	住宅	路旁	水旁	田旁	山坡	单位庭院	其他				
0001	湖北	利川	谋道	南浦	五	水杉树	住宅	路旁	水旁					无房屋		
0002	湖北	利川	忠路	小河	三	路碑坝桥头		路旁	水旁					有房屋	梁*国
0003	湖北	利川	忠路	小河	三	长田		路旁	水旁					有房屋	梁*国
0004	湖北	利川	忠路	小河	三	小朝门口	住宅	路旁	水旁					有房屋	张*江
0005	湖北	利川	忠路	小河	三	小朝门口	住宅	路旁	水旁					有房屋	张*江
0006	湖北	利川	忠路	小河	三	小朝门口	住宅	路旁	水旁					有房屋	张*江
0007	湖北	利川	忠路	小河	三	小朝门口	住宅	路旁	水旁					有房屋	周*文
0008	湖北	利川	忠路	小河	三	小朝门口	住宅	路旁	水旁	田旁				有房屋	周*文
0009	湖北	利川	忠路	小河	一	田上	住宅	路旁	水旁					有房屋	罗*东
0010	湖北	利川	忠路	小河	三	水井		路旁	水旁		山坡			无房屋	
0011	湖北	利川	忠路	小河	三	电厂					山坡			无房屋	
0012	湖北	利川	忠路	小河	三	电厂					山坡			无房屋	
0013	湖北	利川	忠路	小河	三	下陶家坡					山坡			无房屋	
0014	湖北	利川	忠路	小河	三	下陶家坡					山坡			无房屋	
0015	湖北	利川	忠路	小河	三	下陶家坡					山坡			无房屋	
0016	湖北	利川	忠路	小河	三	下陶家坡					山坡			无房屋	
0017	湖北	利川	忠路	小河	三	下陶家坡					山坡			无房屋	
0018	湖北	利川	忠路	小河	三	上陶家坡					山坡			无房屋	
0019	湖北	利川	忠路	小河	三	上陶家坡					山坡			无房屋	
0020	湖北	利川	忠路	小河	三	坟湾	住宅				山坡			有房屋	张*洪

续表

经度			纬度			坡度	坡向	坡位	海拔/m	土壤类型	土层厚度	土壤紧实度	树龄/a	年龄类型	树高/m	胸径/cm	胸围/m
度	分	秒	度	分	秒												
108	41	3.0	30	25	51.0		无坡向	下部	1370	黄棕壤		较疏松	500	估测年龄	35	248	
108	35	30.8	30	05	17.4		无坡向	下部	1078	黄棕壤		较疏松	475	估测年龄	41	165	5.17
108	35	32.9	30	05	16.4	0	无坡向	下部	1075	黄棕壤		较疏松	55	估测年龄	32	72	2.26
108	35	28.2	30	05	20.4	0	无坡向	下部	1081	黄棕壤		较疏松	55	估测年龄	29	53	1.66
108	35	28.2	30	05	20.4		无坡向	下部	1081	黄棕壤		较疏松	55	估测年龄	27	37	1.17
108	35	28.2	30	05	20.4		无坡向	下部	1081	黄棕壤		较疏松	55	估测年龄	28	42	1.33
108	35	29.6	30	05	20.8		无坡向	下部	1081	黄棕壤		较疏松	60	估测年龄	27	40	1.27
108	35	29.3	30	05	20.4	0	无坡向	下部	1081	黄棕壤		较疏松	65	估测年龄	38	62	1.95
108	35	37.2	30	05	19.1		无坡向	下部	1068	黄棕壤		较疏松	115	估测年龄	26	63	1.97
108	35	31.9	30	05	16.9	40	东北	下部	1088	黄棕壤		较疏松	85	估测年龄	33	64	2.02
108	35	31.0	30	05	16.0	40	东北	中部	1090	黄棕壤		较疏松	65	估测年龄	32	45	1.50
108	35	31.0	30	05	16.0	40	东北	中部	1090	黄棕壤		较疏松	65	估测年龄	35	87	2.72
108	35	30.6	30	05	13.4	40	东北	中部	1112	黄棕壤		较疏松	75	估测年龄	24	44	1.37
108	35	30.6	30	05	13.4	40	东北	中部	1112	黄棕壤		较疏松	75	估测年龄	40	56	1.75
108	35	30.6	30	05	13.4	40	东北	中部	1112	黄棕壤		较疏松	85	估测年龄	26	75	2.35
108	35	30.6	30	05	13.4	40	东北	中部	1112	黄棕壤		较疏松	75	估测年龄	24	41	1.30
108	35	30.6	30	05	13.4	15	东北	中部	1112	黄棕壤		较疏松	75	估测年龄	38	67	2.10
108	35	34.3	30	05	8.0	15	东北	中部	1164	黄棕壤		较疏松	145	估测年龄	42	88	2.75
108	35	34.3	30	05	8.0	15	东北	中部	1164	黄棕壤		较疏松	145	估测年龄	33	64	2.20
108	35	26.8	30	05	15.7		西	下部	1086	黄棕壤		较疏松	55	估测年龄	35	80	2.50

续表

树下植被	第一活枝高/m	平均冠幅/m	东西冠幅/m	南北冠幅/m	生长势	死亡原因	树木特征描述
草丛	5.40	22.00	22.00	22.00	较差		
草丛	3.00	12.80	12.50	13.00	旺盛		树基部空洞，水泥填补
草丛，竹子	1.60	12.00	13.00	11.00	旺盛		
竹子，草丛	2.50	7.65	7.50	7.80	旺盛		
竹子，草丛	2.80	7.45	7.20	7.70	旺盛		
竹林，刺秋，香椿，马封木	23.00	6.40	6.00	6.80	较差		断梢
竹林，刺秋，香椿，马封木	5.50	6.50	6.00	7.00	旺盛		
草丛	2.00	8.25	8.00	8.50	旺盛		
草丛，柳杉，锦鸡儿	2.60	8.50	9.00	8.00	旺盛		
草丛，油竹，柳杉	3.00	12.00	10.00	14.00	旺盛		
草丛，油竹，柳杉	2.60	9.00	8.00	10.00	旺盛		
草丛，油竹，柳杉	3.75	10.50	10.00	11.00	旺盛		
草丛，油竹，柳杉	4.70	10.50	9.00	12.00	旺盛		
草丛，油竹，柳杉	3.00	12.50	11.00	14.00	旺盛		
草丛，油竹，柳杉	3.50	12.00	9.00	15.00	较差		雷击双叉
草丛，油竹，柳杉	1.80	6.50	7.00	5.00	旺盛		
水竹，樱桃，葱木	4.30	15.00	15.00	15.00	旺盛		
水竹，樱桃，葱木	3.60	15.50	18.00	13.00	一般		基部50cm处长枝树，中部7m处分枝
楠竹，茶叶，棕树	6.00	9.00	9.00	9.00	旺盛		

续表

权属	管护责任人	管护现状	照片号	摄影者	调查者	见证者	记录人	登记日期
	梁*成	良好			刘*红	罗*明	牟*敏	2003.8.20
	周*兴	良好			范*厚	罗*明	牟*敏	2007.8.6
	梁*贤	良好			范*厚	罗*明	牟*敏	2007.8.6
					范*厚	罗*明	牟*敏	2007.8.6
					范*厚	罗*明	牟*敏	2007.8.6
					范*厚	罗*明	牟*敏	2007.8.6
					范*厚	罗*明	牟*敏	2007.8.6
					范*厚	罗*明	牟*敏	2007.8.6
	罗*忠	良好			范*厚	罗*明	牟*敏	2007.8.6
					范*厚	罗*明	牟*敏	2007.8.6
					范*厚	罗*明	牟*敏	2007.8.6
	周*兵	良好			范*厚	罗*明	牟*敏	2007.8.6
					范*厚	罗*明	牟*敏	2007.8.6
					范*厚	罗*明	牟*敏	2007.8.6
					范*厚	罗*明	牟*敏	2007.8.6
	罗*明	良好			范*厚	罗*明	牟*敏	2007.8.6
	周*俊	良好			范*厚	罗*明	牟*敏	2007.8.6
					范*厚	罗*明	牟*敏	2007.8.6

注：完整数据表格共计 5746 行、51 列，每页仅展示前 20 行。

6.3.2 分析方法与过程

1. 数据导入

生长势与多种因素有关，为简化分析，本案例删除了除生长势之外的所有非数值字段，仅保留了经度（度、分、秒）、纬度（度、分、秒）、海拔、树龄、树高、胸径、胸围、第一活枝高、平均冠幅、东西冠幅、南北冠幅 15 个数值特征字段和 1 个类别字段。本文选择 Python 作为数据分析平台，首先导入模块，调用 Pandas 中的 read_excel()函数将水杉母树 Excel 表格数据导入变量空间，为便于处理，所有中文字段名已经替换为相应的拼音首字母简写，具体代码如下。

```
import pandas as pd
import numpy as np
from sklearn.metrics import classification_report
from sklearn.model_selection import GridSearchCV, train_test_split
from sklearn.preprocessing import StandardScaler
# 使用 sklearn 进行数据集训练与模型导入
from sklearn.neighbors import KNeighborsClassifier
import seaborn as sns
from sklearn.metrics import confusion_matrix
import matplotlib.pyplot as plt
import itertools
```

简化后的水杉母树数据如图 6.19 所示。

```
SSMS = {DataFrame: (5746, 17)} MSBH JDD JDF JDM WDD WDF WDM HB SL SG XJ XW DYHZG PJGF DXGF NBGF SZS [0: 1 108.0 41.0 3.0 30.0
>  DXGF = {Series: (5746,)} (0, 22.0) (1, 12.5) (2, 13.0) (3, 7.5) (4, 7.2) (5, 6.0) (6, 6.0) (7, 8.0) (8, 9.0) (9, 10.0) (10, 8.0) (11, 10.0) (12, 9.0) (13, 11.0) (
>  DYHZG = {Series: (5746,)} (0, nan) (1, 5.4) (2, 3.0) (3, 1.6) (4, 2.5) (5, 2.8) (6, 23.0) (7, 5.5) (8, 2.0) (9, 2.6) (10, 3.0) (11, 2.6) (12, 3.75) (13, 4.7) (14
>  HB = {Series: (5746,)} (0, 1370.0) (1, 1078.0) (2, 1075.0) (3, 1081.0) (4, 1081.0) (5, 1081.0) (6, 1081.0) (7, 1081.0) (8, 1068.0) (9, 1088.0) (10, 1090
>  JDD = {Series: (5746,)} (0, 108.0) (1, 108.0) (2, 108.0) (3, 108.0) (4, 108.0) (5, 108.0) (6, 108.0) (7, 108.0) (8, 108.0) (9, 108.0) (10, 108.0) (11, 108.
>  JDF = {Series: (5746,)} (0, 41.0) (1, 35.0) (2, 35.0) (3, 35.0) (4, 35.0) (5, 35.0) (6, 35.0) (7, 35.0) (8, 35.0) (9, 35.0) (10, 35.0) (11, 35.0) (12, 35.0) (13
>  JDM = {Series: (5746,)} (0, 3.0) (1, 30.8) (2, 32.9) (3, 28.2) (4, 28.2) (5, 28.2) (6, 29.6) (7, 29.3) (8, 37.2) (9, 31.9) (10, 31.0) (11, 31.0) (12, 30.6) (13
>  MSBH = {Series: (5746,)} (0, 1) (1, 2) (2, 3) (3, 4) (4, 5) (5, 6) (6, 7) (7, 8) (8, 9) (9, 10) (10, 11) (11, 12) (12, 13) (13, 14) (14, 15) (15, 16) (16, 17) (
>  NBGF = {Series: (5746,)} (0, 22.0) (1, 13.0) (2, 11.0) (3, 7.8) (4, 7.7) (5, 6.8) (6, 7.0) (7, 8.5) (8, 8.0) (9, 14.0) (10, 10.0) (11, 11.0) (12, 12.0) (13, 14.0
>  PJGF = {Series: (5746,)} (0, 22.0) (1, 12.75) (2, 12.0) (3, 7.65) (4, 7.45) (5, 6.4) (6, 6.5) (7, 8.25) (8, 8.5) (9, 12.0) (10, 9.0) (11, 10.5) (12, 10.5) (13, 1
>  SG = {Series: (5746,)} (0, 35.0) (1, 41.0) (2, 32.0) (3, 29.0) (4, 27.0) (5, 28.0) (6, 27.0) (7, 38.0) (8, 26.0) (9, 33.0) (10, 32.0) (11, 35.0) (12, 24.0) (13,
>  SL = {Series: (5746,)} (0, 500.0) (1, 475.0) (2, 55.0) (3, 55.0) (4, 55.0) (5, 55.0) (6, 60.0) (7, 65.0) (8, 115.0) (9, 85.0) (10, 65.0) (11, 65.0) (12, 75.0) (
>  SZS = {Series: (5746,)} (0, 'JC') (1, 'WS') (2, 'WS') (3, 'WS') (4, 'WS') (5, 'WS') (6, 'JC') (7, 'WS') (8, 'WS') (9, 'WS') (10, 'WS') (11, 'WS') (12, 'WS'
>  T = {DataFrame: (17, 5746)} 0 1 2 3 4 5 6 7 8 9 10 11 12 13 14 15 16 17 18 19 20 21 22 23 24 25 26 27 28 29 30 31 32 33 34 35 36 37 38 39 40
>  WDD = {Series: (5746,)} (0, 30.0) (1, 30.0) (2, 30.0) (3, 30.0) (4, 30.0) (5, 30.0) (6, 30.0) (7, 30.0) (8, 30.0) (9, 30.0) (10, 30.0) (11, 30.0) (12, 30.0
>  WDF = {Series: (5746,)} (0, 25.0) (1, 5.0) (2, 5.0) (3, 5.0) (4, 5.0) (5, 5.0) (6, 5.0) (7, 5.0) (8, 5.0) (9, 5.0) (10, 5.0) (11, 5.0) (12, 5.0) (13, 5.0) (14, 5.0)
>  WDM = {Series: (5746,)} (0, 51.0) (1, 17.4) (2, 16.4) (3, 20.4) (4, 20.4) (5, 20.4) (6, 20.8) (7, 20.4) (8, 19.1) (9, 16.9) (10, 16.0) (11, 16.0) (12, 13.4) (
>  XJ = {Series: (5746,)} (0, 248.0) (1, 165.0) (2, 72.0) (3, 53.0) (4, 37.0) (5, 42.0) (6, 40.0) (7, 62.0) (8, 63.0) (9, 64.0) (10, 45.0) (11, 87.0) (12, 44.0) (1
>  XW = {Series: (5746,)} (0, nan) (1, 5.17) (2, 2.26) (3, 1.66) (4, 1.17) (5, 1.33) (6, 1.27) (7, 1.95) (8, 1.97) (9, 2.02) (10, 1.5) (11, 2.72) (12, 1.37) (13,
```

图 6.19　简化后的水杉母树数据

2. 数据清洗

数据的缺失主要包括记录的缺失和记录中某个字段信息的缺失，两者都会造成分析结果的不准确。对缺失值的处理，从总体上来说分为删除存在缺失值的记录、对可能值进行插补和不处理 3 种情况。水杉母树原始数据存在缺失值的主要原因，归为其中极少数母树因各种原因死亡而缺少数据，考虑到缺失记录占比较低（小于 2%），在进行后续分析之前删除了包含缺失值的样本。异常值是指样本中的个别值，其数值明显偏离其余的观测值，如果不加剔除地把异常值包括进数据分析过程中，将会对结果带来不良影响。水杉母树原始数据存在的异常值主要为极少量录入错误，可以通过离群点分析工具加以剔除。

本案例采用的水杉母树数据共有 5746 条，样本数量相对充足，故采用直接删除的方法处理包含缺失值（NaN）的记录。具体方法为：通过 isnull()函数判断 NaN 所在的位置；或者通过 dropna()函数直接在表格数据 SSMS 中删除索引值对应记录，具体代码如下。

```
SSMS=pd.read_excel('SSMS.xls')
print(SSMS.isnull())          # 查看 SSMS 是否有缺失值（空值），False 表示无缺失值
SSMS.dropna(axis=0, how='any', inplace=True)   # 默认分析，删除 Nan 记录
```

箱型图以四分位数和四分位距作为检测异常值的标准，多达 25%的数据可以变得任意远而不会很大地扰动四分位数，在实践应用中具有良好的鲁棒性。本案例主要采用箱型图检测水杉母树数据中的异常值，对照字段合理取值范围，可以剔除绝大多数异常值。具体步骤为：首先调用 boxplot()函数对经度（度）、维度（度）、海拔、树高、胸径、胸围、平均冠幅分别绘制箱型图，然后依据四分位距结合取值合理性剔除离群数据点，具体代码如下。

```
# 画箱型图：第一种方法——无标注
# 其余 8 个箱型图均改变所取列值即可
JDD=SSMS['NBGF'].values                    # 取列值
print(DXGF.shape[0])                       # 输出行数
plt.figure(1)                              # 建立图像
df = pd.DataFrame(JDD)                      # 用选择的列创建 dataframe
df.plot.box(title="NBGF")
plt.grid(linestyle="--", alpha=0.3)
plt.show()                                 # 显示图像


# 画箱型图：第二种方法——标注异常值
plt.figure(figsize=(8,5))                  # 建立图像
DXGF=SSMS['XW'].values
dv = pd.DataFrame(DXGF)
p = dv.boxplot(return_type='dict')          # 画箱型图
x = p['fliers'][0].get_xdata()              # 'flies'为异常值的标签
y = p['fliers'][0].get_ydata()
```

```
y.sort()                                    # 从小到大排序，直接改变原对象
# 用 annotate 添加注释，其中有些相近的点，注解会出现重叠，难以看清，需要一些技巧来控制
# 以下参数经过调试，需要具体问题具体调试
for i in range(len(x)):
    if i > 0:
        plt.annotate(y[i], xy=(x[i], y[i]), xytext=(x[i] + 0.35 -
                     0.3 / (y[i] - y[i - 1]), y[i]))
    else:
        plt.annotate(y[i], xy=(x[i], y[i]), xytext=(x[i] + 0.3, y[i]))
plt.title('XW')
plt.show()
```

考虑到胸径和胸围近似呈现比例关系，调用 scatter()函数绘制胸径关于胸围散点图，可以进一步剔除异常值，具体代码如下。

```
# 画 XJ 和 XW 列的散点图
plt.figure(figsize=(16,6))
x=SSMS['XJ'].values
y=SSMS['XW'].values
plt.scatter(x, y, marker='o');
plt.title('XJ vs XW')
plt.show()
```

箱型图绘制及离群点检测如图 6.20 所示。

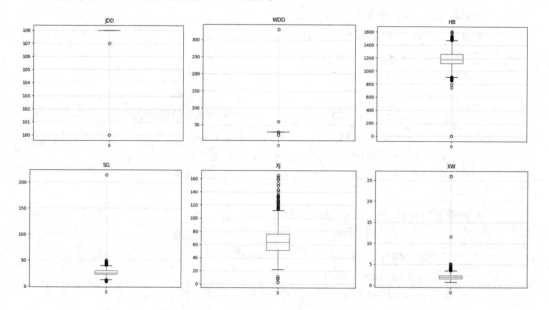

图 6.20　箱型图检测水杉母树数据离群点

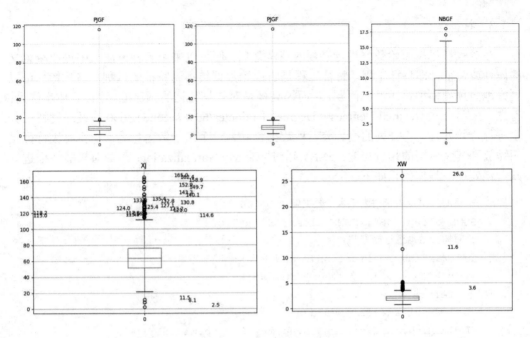

图 6.20（续）

散点图绘制如图 6.21 所示。

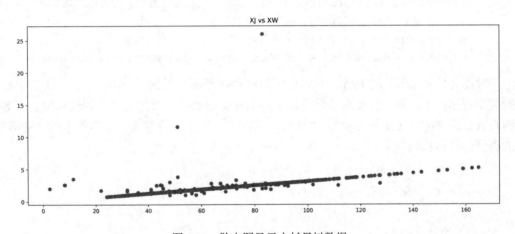

图 6.21 散点图显示水杉母树数据

由于水杉母树数据中的异常值，主要由野外调查数据输入错误引起，箱型图和散点图检测得到的离群点体现的是统计学意义上的合理性，还应结合种群生态学合理性加以确认。将经过确认的离群点索引值代入并剔除相应记录，得到最终的水杉母树数据 SSMS_clean，具体代码如下。

```
# 数据清洗，剔除异常点
SSMS_clean=SSMS.drop(index=[4682,5318,5288,5308,5354,5266,3318,2654,
                    4646,3033,5352,5388,4508,2533])
print(SSMS_clean.shape)    # 输出现有行数
```

3. 特征工程

在对水杉母树原始数据进行必要的清洗之后，便可以采用多种方法从中提取有意义的属性或特征，即特征工程。特征工程是将原始数据转换为特征的过程，这些特征可以更好地向预测模型描述潜在问题，从而提高模型对未见数据的预测准确性。具体步骤为：首先，采用公式 Decimal Degrees = Degrees + minutes/60 + seconds/3600 对经纬度特征分别进行合并处理，将分列的度、分、秒数据合并为一个单一数值；其次，将海拔特征比例缩放到其余特征的相近尺度；最后，通过 MaxMinNormalization() 函数对树龄特征进行归一化处理，具体代码如下。

```python
# 将海拔单位由米改为千米，数据缩放 1/1000
SSMS_clean['HB']=SSMS_clean['HB']*0.001
# 对树龄数据进行极差归一化
def MaxMinNormalization(x,Max,Min):
    x = (x - Min) / (Max - Min);
    return x
SL=SSMS_clean['SL'].values
HL=MaxMinNormalization(SL,np.max(SL),np.min(SL))
# print(HL)
# 将经纬度转换成十进制，合并经纬度（度、分、秒）特征
JD = SSMS_clean['JDD'].values + SSMS_clean['JDF'].values/60 +
    SSMS_clean ['JDM'].values/3600 ;
WD=SSMS_clean['WDD'].values+
    SSMS_clean['WDF'].values/60+ SSMS_clean['WDM'].values/3600 ;
```

除此之外，如图 6.22 所示，水杉母树数据存在严重的类别不平衡，生长势的 5 个原始类型占比过于悬殊，使得机器学习算法为适应优势类别，而损失全局预测精度。本案例将占比最少的 3 个生长势类型（"死亡""濒死""较差"）合并为一个新的名为"衰落"的类型，具体代码如下。

```python
# 合并生长势类型
plt.figure(figsize=(16,8))
tdata=SSMS_clean['SZS'].values            # 取生长势列
count1=0
count2=0
count3=0
count4=0
count5=0
for i in range(len((tdata))):
    temp=tdata[i]
    if (tdata[i]=='BS'):
        count1 += 1
    elif (tdata[i]=='JC'):
        count2 += 1
```

```
    elif (tdata[i]=='SW'):
        count3 += 1
    elif (tdata[i]=='WS'):
        count4 += 1
    else:
        count5 += 1
name_list = ['BS','JC','SW','WS','YB']          # 设置行标
num_list=[count1,count2,count3,count4,count5]   # 选择柱形图列表
plt.bar(range(len(num_list)), num_list,tick_label=name_list)
# 画柱形图
plt.show()

countn=0
for i in range(len((tdata))):
    temp=tdata[i]
    if (tdata[i]=='JC' or tdata[i]=='BS' or tdata[i]=='SW'):
        countn += 1
        tdata[i]='SL'    # 如果生长势标签为 JC、BS、SW，就将类型改为 SL
# 将 HL、JD、WD 列加入数据清洗后的列表
SSMS_clean['HL']=HL
SSMS_clean['JD']=HL
SSMS_clean['WD']=HL
```

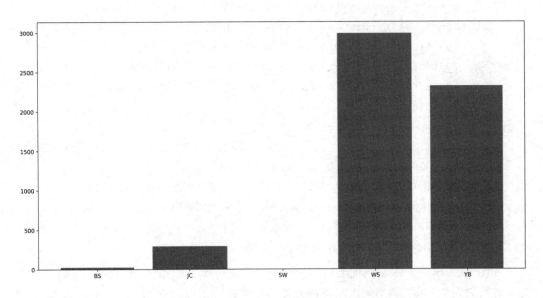

图 6.22　水杉母树数据存在严重类别不平衡

4. 机器学习

机器学习可以粗略地分为有监督学习和无监督学习两大类。有监督学习是从标签化

训练数据集中学习潜在模式信息，并将之运用到新数据标签预测的过程。基于 kNN 的分类算法是典型的有监督学习方法，kNN 对数据没有假设，特别适合多标签分类。本案例采用加权 kNN 算法对水杉母树数据进行分类器训练，具体步骤包括：首先调用函数 train_test_split()对完整数据进行随机划分，保留 50%的数据作为训练集，另外 50%的数据作为测试集；然后调用 fit()函数在训练集上进行加权 kNN 分类器训练，并计算带交叉验证的训练集精度；最后输出分类器精度，对已分离类别标签的测试数据进行预测，对比真实类别标签计算分类精度，并以此作为分类器的真实性能评价。具体代码如下。

```python
def knn():
    # 利用 train_test_split 划分样本，随机划分 50%数据作为训练集，余下 50%作为
    # 测试集
    x_train, x_test, y_train, y_test = train_test_split(SSMS_clean.
                                    loc [:,['JD', 'WD', 'HB',
                                    'SL', 'SG', 'XJ', 'XW',
                                    'DYHZG', 'PJGF', 'DXGF',
                                    'NBGF']], SSMS_clean ['SZS'].
                                    values, test_size=0.5)

    # 进行标准化
    std = StandardScaler()
    x_train = std.fit_transform(x_train)
    x_test = std.fit_transform(x_test)
    knn = KNeighborsClassifier()        # 进行评估
    knn.fit(x_train, y_train)           # 得出模型
    y_predict = knn.predict(x_test)     # 进行预测，得出精度
    score = knn.score(x_test, y_test)   # 验证精确度 score
    print(score)
    param = {"n_neighbors": [3, 5, 7]}
                                # 通过网络搜索，n_neighbors 为参数列表
    gs = GridSearchCV(knn, param_grid=param, cv=10)
    gs.fit(x_train, y_train)            # 建立模型
    print(gs.score(x_test, y_test))     # 预测数据
# 分析模型的准确率和召回率
print(classification_report(y_test, y_predict))
```

如图 6.23 所示，本案例训练得到的分类器在训练集上取得了 70.97%的全局分类精度，对标记为"旺盛"类型的水杉母树生长势预测精度可以达到 81%，对标记为"一般"类型的水杉母树生长势预测精度可以达到 64%，对标记为"衰落"类型的水杉母树生长势预测精度仅有 29%。有监督学习的结果说明，现有种群生态学特征对生长势旺盛的水杉母树刻画较好，而不足以反映生长势处于衰落的水杉母树的真实生存状态。在未来的野外调查中，应该考虑追加更多数值特征，并对现有定性特征进行科学全面数值化。

```
0.7097690941385435
0.7094138543516874
              precision    recall   f1-score    support

        SL        0.48      0.29      0.36        162
        WS        0.73      0.81      0.77       1488
        YB        0.70      0.64      0.67       1165

    accuracy                          0.71       2815
   macro avg      0.64      0.58      0.60       2815
weighted avg      0.70      0.71      0.70       2815

[[1205  259   24]
 [ 393  746   26]
 [  55   60   47]]
[[ 0.81  0.17  0.02]
 [ 0.34  0.64  0.02]
 [ 0.34  0.37  0.29]]
```

图 6.23　预测结果和混淆矩阵

5.　生长势预测

　　相对于训练集精度，测试集精度由于完全独立于训练过程，被认为能够更为真实地反映分类器的分类能力。将分离了类别标签的 2815 条测试数据记录，导入之前训练得到分类器，计算得到全局精度 70.94%，与训练集精度基本保持一致。图 6.24 为分类器在训练集上预测的水杉母树生长势。

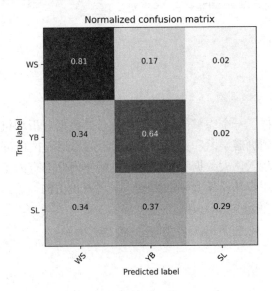

图 6.24　分类器在训练集上预测的水杉母树生长势

具体代码如下。

```
C2 = confusion_matrix(y_test, y_predict, labels=['WS', 'YB', 'SL'])
```

```python
    # 混淆矩阵
    print(C2)        # 输出混淆矩阵——样本数目
    classes = ['WS', 'YB', 'SL']
    title='Normalized confusion matrix'
    C2 = C2.astype('float') / C2.sum(axis=1)[:, np.newaxis]
    np.set_printoptions(formatter={'float': '{: 0.2f}'.format})
    print(C2)        # 输出混淆矩阵——预测精度
    plt.imshow(C2, interpolation='nearest', cmap="GnBu")
    plt.title(title)
    tick_marks = np.arange(len(classes))
    plt.xticks(tick_marks, classes, rotation=45)
    plt.yticks(tick_marks, classes)
    # 如果绘制的混淆矩阵上下只能显示一半，加入以下这行代码
    plt.ylim(len(classes) - 0.5, -0.5)
      fmt = '.2f'
      thresh = C2.max() / 2.
      for i, j in itertools.product(range(C2.shape[0]), range(C2.shape[1])):
        plt.text(j, i, format(C2[i, j], fmt),
                horizontalalignment="center",
                color="white" if C2[i, j] > thresh else "black")
    plt.tight_layout()
    plt.ylabel('True label')
    plt.xlabel('Predicted label')
    plt.show()
    return None


if __name__ == "__main__":
    knn()      # KNN 训练
```

总结：本案例模拟了一个完整的带有林学背景的数据分析和机器学习实例，从数据清洗到特征工程，再到机器学习和数据预测，展示的思路和技巧可以直接应用到不同学科背景下的数据分析场景。大数据和机器学习是解决问题的有力工具，更是思考问题的全新视角，可以帮助用户从纷繁复杂的数据中发现有价值的信息，发掘有价值的模式。

参 考 文 献

陈海虹，黄彪，刘峰，等，2017. 机器学习原理及应用[M]. 成都：电子科技大学出版社.

顾润龙，2019. 大数据下的机器学习算法探讨[J]. 通讯世界，26（5）：279-280.

李昊朋，2019. 基于机器学习方法的智能机器人探究[J]. 通讯世界，26（4）：241-242.

欧高炎，晏晓东，高扬. 2018. 数据科学实战速查表（第 1 辑）[M]. 北京：科学出版社.

吴漫玲，2020. 水杉原生种群天然更新种子繁殖障碍与调控研究[D]. 恩施：湖北民族大学.

熊彪，姚兰，易咏梅，等，2009. 水杉原生母树生长势调查研究[J]. 湖北民族学院学报（自科版），27（4）：439-442.

曾剑平，2020. Python 爬虫大数据采集与挖掘：微课视频版[M]. 北京：清华大学出版社.

张杰，2020. Python 数据可视化之美：专业图表绘制指南[M]. 北京：电子工业出版社.

周昀锴，2019. 机器学习及其相关算法简介[J]. 科技传播，11（6）：153-154.

Andreas C. Müller，Sarah Guido，2018. Python 机器学习基础教程[M]. 张亮，译. 北京：人民邮电出版社.

Giuseppe Ciaburro，Prateek Joshi，2021. Python 机器学习经典实例[M]. 王海玲，李昉，译. 2 版. 北京：人民邮电出版社.

Igor Milovanovi，Dimitry Foures，Giuseppe Vettigli，2018. Python 数据可视化编程实战[M]. 颛清山，译. 2 版. 北京：人民邮电出版社.

Katharine Jarmul，Richard Lawson，2020. 用 Python 写网络爬虫[M]. 北京：人民邮电出版社.

Peter Harrington，2013. 机器学习实战[M]. 李锐，李鹏，曲亚东，等译. 北京：人民邮电出版社.

Wes McKinney，2014. 利用 Python 进行数据分析[M]. 唐学韬，译. 北京：机械工业出版社.

Yves Hilpisch，2020. Python 金融大数据分析[M]. 姚军，译. 2 版. 北京：人民邮电出版社.